以注重知识价值为导向的创新型科技人才多元评价系统构建与应用研究

杨月坤 ◎ 著

中国财经出版传媒集团

经济科学出版社

Economic Science Press

·北 京·

图书在版编目（CIP）数据

以注重知识价值为导向的创新型科技人才多元评价系
统构建与应用研究/杨月坤著 . −−北京：经济科学出
版社，2023.10
ISBN 978 − 7 − 5218 − 5126 − 7

Ⅰ . ①以⋯　Ⅱ . ①杨⋯　Ⅲ . ①技术人才 – 评价 – 研究
– 中国　Ⅳ . ①G316

中国国家版本馆 CIP 数据核字（2023）第 173847 号

责任编辑：周国强
责任校对：蒋子明
责任印制：张佳裕

以注重知识价值为导向的创新型科技人才多元评价系统构建与应用研究

YI ZHUZHONG ZHISHI JIAZHI WEI DAOXIANG DE CHUANGXINXING KEJI RENCAI
DUOYUAN PINGJIA XITONG GOUJIAN YU YINGYONG YANJIU

杨月坤　著

经济科学出版社出版、发行　新华书店经销
社址：北京市海淀区阜成路甲 28 号　邮编：100142
总编部电话：010 − 88191217　发行部电话：010 − 88191522
网址：www. esp. com. cn
电子邮箱：esp@ esp. com. cn
天猫网店：经济科学出版社旗舰店
网址：http：//jjkxcbs. tmall. com
固安华明印业有限公司印装
710 × 1000　16 开　14. 75 印张　230000 字
2023 年 10 月第 1 版　2023 年 10 月第 1 次印刷
ISBN 978 − 7 − 5218 − 5126 − 7　定价：86. 00 元
（图书出现印装问题，本社负责调换。电话：010 − 88191545）
（版权所有　侵权必究　打击盗版　举报热线：010 − 88191661
QQ：2242791300　营销中心电话：010 − 88191537
电子邮箱：dbts@ esp. com. cn）

前　言

随着知识经济时代的到来，知识价值对经济社会发展的作用日益显现，也使得创新型科技人才的知识价值成为对其客观科学公正评价的重要依据，而构建以注重知识价值为导向的创新型科技人才多元评价系统是实现这一评价的重要基础性工作。本书以国家层面出台的一系列指导性文件为统领，以创新型科技人才为研究对象，在全面、系统地梳理创新型科技人才评价理论的基础上，深入探讨了我国创新型科技人才评价系统存在的主要问题及成因，并借鉴国外科技人才评价的经验和启示，建构了以注重知识价值为导向的创新型科技人才多元评价原则与思路，对创新型科技人才多元评价系统的构建与应用进行了实证研究。同时，遵循分类评价原则，以基础研究类创新型科技人才为例，开展了创新型科技人才分类评价的实践研究。最后，从建立协同保障机制、强化综合监督机制、设立评价申诉系统三个方面提出了创新型科技人才多元评价系统的应用对策。

（1）创新型科技人才评价的理论基础。本章重点论述了两个内容：一是创新型科技人才与知识价值的内涵。运用文献研究法，首先，论述了创新型科技人才的内涵、特征与分类。在综合分析国内外文献对创新型科技人才素质特征或评价指标描述的基础上，总结认为创新型科技人才的素质特征或评价指标应从"职业道德""能力素质"和"业绩贡献"三个方面进行描述或设立。以此为依据，在借鉴现有文献对创新型科技人才定义的基础上将创新型科技人才界定为："在科学技术领域长期从事科技创新活动，具有高尚的职业道德、较强的能力素质，能够为科技发展和社会进步做出突出业绩贡献的人才"。依据创新型科技人才在社会实践活动中所处的地位和在科技创新活动中所处的环节，将创新型科技人才分为哲学社会科学人才和自然科学人才，其中自然科学人才又分为基础研究人才、应用研究人才、技术开发人才和成果转化人才。其次，探讨了知识价值的内涵、特征与分类。研究认为"知识价值就是知识所体现出来的价值，它既表现在知识的内在价值上，也表现在知识的外在价值上"。知识价值的特征主要表现在系统性、科学性、创新性和应用性四个方面。在梳理国内外学者对知识价值分类不同观点的基础上，将知识价值区分为隐性知识价值、显性知识价值与流通知识价值三大类。二是创新型科技人才评价的相关理论。研究认为，多元智能理论、个体创新行为理论、创造力人才特质理论、胜任力模型理论、成就动机理论、知识价值测度理论等基本理论都适用于创新型科技人才评价系统的构建与分析指导，是创新型科技人才评价系统构建的最基本的理论基础，本章对各个理论的内容作了详细的阐述。

（2）创新型科技人才评价的国内问题分析与国外经验借鉴。本章重点论述了两个内容：一是我国创新型科技人才评价系统存在的主要问题及成因。在梳理国内外相关文献的基础上，通过认真总结和思考，研究认为："现有的创新型科技人才评价系统存在人才分类不清晰、评价标准'一刀切'、评价主体不明确、评价方法不科学、评价程序不规范等问题,严重束缚或阻碍了创新型科技人才的成长发展和作用发挥"。通过认真梳理,从五个方面对存在的主要问题进行了深入分析:人才分类不清晰,缺乏统一性;评价标准"一刀切",缺乏操作性;评价主体不明确,缺乏责任性;评价方法不科学,缺乏针对性;评价程序不规范,缺乏公正性。二是国外科技人才评价经验借鉴。针对我国科技人才评价系统中存在的突出问题,通过梳理和总结英国、美国、德国在评价理念、评价方法和评价制度三个方面的经验,提出包括树立发展性评价理念、重视同行评议方法、建立科学的评价制度三个方面的借鉴建议。

(3) 创新型科技人才多元评价系统构建的原则、思路与设计。本章重点论述了三个内容:一是创新型科技人才多元评价系统构建的原则。基于国内评价实践和国外评价经验,论述了构建创新型科技人才多元评价系统必须坚持的基本原则,即目的性原则、科学性原则、完备性原则、可操作性原则、独立性原则、显著性原则、动态性原则,认为这些原则分别从不同层面较完整地反映出多元评价系统设计与构建需要满足的基本要求。二是创新型科技人才多元评价系统构建的基本思路。基于科技人才评价的相关理论,结合评价实践需要,提出了构建创新型科技人才多元评价系统的基本思路,包含四个方面:遵循分类评价原则,完善人才分类,提高人才评价的针对性和精准性;注重知识价值导向,明确评价标准,提高人才评价的目的性和完备性;基于360度综合评价,遴选评价主体,提高人才评价的专业性和公平性;重视评价技术开发,创新评价方式,提高人才评价的实效性和科学性。三是创新型科技人才多元评价系统构建的设计。基于胜任力模型理论和知识价值理论,构建了包含隐性知识价值(职业道德)、显性知识价值(能力素质)和流通知识价值(业绩贡献) 3 个一级指标、8 个二级指标(职业规范、责任诚信、科学品质、心理素质、知识创新、社会实践、绩效成果、效益转化)和 17 个三级指标的创新型科技人才知识价值"三位一体"评价模型,并综合运用探索性因子分析和验证性因子分析对模型进行了验证。

（4）创新型科技人才多元评价系统的应用。基于创新型科技人才知识价值"三位一体"评价模型，以成果转化类创新型科技人才为例，探讨了成果转化类创新型科技人才评价指标体系的构建，最终构建了包含隐性知识价值、显性知识价值和流通知识价值3个一级指标、7个二级指标和25个三级指标的评价指标体系，并利用因子分析法检验了成果转化类创新型科技人才评价指标体系的信度和效度，运用层次分析法计算了各级评价指标的相对权重。

（5）创新型科技人才分类评价的实践。基于分类评价视角，以基础研究类创新型科技人才为研究对象，在多元智能理论的指导下，选取知识–语言力智能、认知–思维力智能、管理–决策力智能、科研–创新力智能作为模型智能要素，初步构建了基础研究类创新型科技人才四智能特征结构模型。运用问卷调查和因子分析等实证方法对结构模型进行检验和改进，最终构建了包含4个智能类型、9个特征能力和42个特征要素的结构模型，并进一步通过归一法确定其权重，构建了基础研究类创新型科技人才多元智能评价指标体系。运用TOPSIS多指标决策算法对基础研究类创新型科技人才的多元智能进行评价测度，并通过绘制人才智能结构图实现了对科技人才更为直观的评价，提高了科技人才评价的科学性和精准性，同时，通过应用实例展示了研究成果的实际操作性。

（6）创新型科技人才多元评价系统的实施。按照"三效"（效率、效果与效益）和"五认可"（国际认可、社会认可、市场认可、业内认可、群众认可）原则，研究提出了创新型科技人才多元评价系统的应用对策。首先，建立协同保障机制。提出要建立政府、行业协会相关团体、科技服务中介机构、金融机构、科技企业、高等院校、科研机构以及社会大众等多机构、多部门、多单位的协同保障机制，充分发挥"法律、政策、专业、信息、资金、管理、技术、舆论"等多方面资源在创新型科技人才评价中的最大效益，建立满足多主体需求的、遵循创新型科技人才成长规律和特点的评价机

制，实现资源共享、合作共赢的良好局面。其次，强化综合监督机制。为了
保障创新型科技人才评价过程的科学合理、评价结果的客观公正，必须建立
政府监管、单位（行业）自律、社会监督的综合监管体系，通过加强人才评
价法制建设，规范人才评价运作程序，推进综合监督体系建设，以提高创新
型科技人才评价工作的准确性和透明度。最后，设立评价申诉系统。为确保
创新型科技人才评价的各个环节都能做到科学与公平，尽可能地提高人才评
价的准确性，必须在创新型科技人才评价系统中设立评价申诉子系统，以给
评价对象一定的话语权，对评价中不准确或存在争议的地方提出异议。

目　　录

第一章

绪　论

第一节　研究背景

　　党的十九大报告指出，人才是实现民族振兴、国家繁荣和赢得国际竞争主动的战略资源；在当前时代背景下，谁拥有了一流的人才，谁就拥有了科技创新的优势和主导权。全面实施创新驱动发展战略，关键在科技，核心在人才，尤其在创新型科技人才。诚如习近平总书记所言，人才是创新的根基，创新驱动实则上是人才驱动。《国家中长期人才发展规划纲要（2010—2020年）》（2010年）、《国家中长期科技人才发展规划（2010—2020年）》（2010年）、《深化科技体制改革实施方案》（2015 年）、《关于深化人才发展体制机制改革的意见》（2016 年）、《关于深化职称制度改革的意见》（2017 年）、《关于分类推进人才评价机制改革的指导意见》（2018 年）、《关于开展科技人才评价改革试点的工作方案》（2022 年）都明确提出，要改进科技人才评价激励机制，引导高等学校和科研机构等用才主体建立科技人才分类评价体系，制定以注重知识价值和科技创新能力为导向的科技人才评价标准和评价内容，并根据科技人才所从事的不同领域、不同行业、不同岗位和不同属性，确定对应的评价主体和评价方式。《关于实行以增加知识价值为导向分配政策的若干意见》（2016 年）更加明确要求，要客观科学公正地评价科技人才创造的科学价值、技术价值、经济价值和社会价值，构建体现增加知识价值的收入分配机制。随着知识经济时代的到来，知识价值对经济发展的作用日益显现，也使得创新型科技人才的知识价值成为对其客观科学公正评价的重要依据，而构建以增加知识价值为导向的创新型科技人才多元评价系统是实现这一评价的重要基础性工作。第一，本书运用文献研究法，阐述了创新型科技人才的内涵、特征与分类，探讨了知识价值的内涵、特征与分类，分析了我国创新型科技人才评价系统存在的主要问题；第二，基于多元智能理论、个体创新行为理论、创造力人才特质理论、胜任力模型理论、成就动机理论、知识价值测度理论，并借鉴国外科技人才评价经验与启示，提出了创新型科技人才多元评价系统构建的原则与思路；第三，基于胜任力模型理论和知识价值理论构建了创新型科技人才知识价值"三位一体"测度模型，并运用探索性因子分析、验证性因子分析和回归分析法对该模型进行了验证，最终构建了包含 3 个一级指标、8 个二级指标和 17 个三级指标的创新型科技人才多元评价指标体系；第四，以成果转化类创新型科技人才为例，探讨了成果转化类创新型科技人才评价指标体系的构建，进一步验证了创新型科技人才知识价值"三位一体"评价模型；第五，遵循分类评价原则，以基础研究类创新型科技人才为例，构建了基础研究类创新型科技人才四智能特征结构模型，运用 TOPSIS 多指标决策算法对科技人才的多元智能进行评价测度、绘制人才智能结构图实现了对科技人才更为直观的评价，探讨了创新型科技人才分类评价的实践与应用；第六，研究提出了创新型科技人才多元评价系统的应用对策，以期为创新型科技人才的选拔、培养和评价提供一个可供参考的分析思路。

第二节 研究综述

一、创新型科技人才研究的演进

国外没有与我国完全对应的"人才学"意义上的"创新型科技人才"的概念，因而，国外相关研究比较关注人才的能力及其构成，其中最具影响和代表性的包括：第一，麦克利兰（McClelland，1973）提出的胜任力模型，把胜任力分为基准性胜任力（指那些较容易通过培训、教育来发展的知识和技能，是对任职者的基本要求）和鉴别性胜任力（指那些在短期内较难改变和发展的特质、动机、自我概念、社会角色、态度、价值观等，是高绩效者在工作中取得成功所必须具备的条件，是对任职者的重要要求)[1]；第二，斯宾塞（Spencer，1993）提出的胜任力冰山模型，把胜任力特征描述为表层特征（冰山海平面上的特征，如知识、技能、行为和经验等基准性因子）和深层特征（冰山海平面下的特征，如态度、价值观、人格特质和内驱力、自我概念、社会角色等鉴别性因子)[2]。以此为基础，其他学者探索构建了创新型

---

① McClelland D C. Testing for competence rather than for intelligence [J]. American Psychologist, 1973，28（1）：1-14.

② Spencer L M, Spencer S M. Competence at work：Models for superior performance [M]. New York：John Wiley and Sons，1993.

科技人才的胜任力模型（Boyatzis，1982[①]；Tigelaar，2004[②]）。

　　国内相关研究比较宽泛，涉及创新型科技人才的五个方面。一是素质特征研究，提出了创新型科技人才素质特征的不同模型，包括：三要素模型（韩利红，2012[③]；赵伟等，2013[④]；廖志豪等，2017[⑤]）、四要素模型（王路璐，2010[⑥]；王养成等，2010[⑦]；吴江，2011[⑧]；何丽君，2015[⑨]；雷莉，2017[⑩]）、五要素模型（张璐等，2015[⑪]；李燕等，2015[⑫]；黄小平等，2017[⑬]）；二是创新型科技人才成长环境研究（刘瑞波等，2014[⑭]；王剑程等，2015[⑮]；智晓

① Boyatzis R E. The competent manager：A model for effective performance［M］. New York：Willey，1982.

② Tigelaar D E H，Dolmans D H J M，Wolfhagen I H A P，et al. The development and validation of a fram ework for teaching competencies in higher education［J］. Higher Education，2004，48（2）：253 – 268.

③ 韩利红. 创新型科技人才的特征及其创新性管理［J］. 河北学刊，2012，32（4）：138 – 141.

④ 赵伟，包献华，屈宝强，等. 创新型科技人才分类评价指标体系构建［J］. 科技进步与对策，2013，30（16）：113 – 117.

⑤ 廖志豪，廖建华. 创新型科技人才职业素质自我认知［J］. 中国科技论坛，2017，5（7）：126 – 133.

⑥ 王璐璐. 企业创新型科技人才成长环境研究［D］. 哈尔滨：哈尔滨工程大学，2010.

⑦ 王养成，赵飞娟. 基于3Q的四维度创新型人才素质模型［J］. 科技进步与对策，2010，27（18）：149 – 153.

⑧ 吴江. 尽快形成我国创新型科技人才优先发展的战略布局［J］. 中国行政管理，2011（3）：11 – 16.

⑨ 何丽君. 青年科技领军人才胜任力构成及培养思路［J］. 科技进步与对策，2015，32（8）：145 – 149.

⑩ 雷莉. 创新型科技人才培育的SWOT分析［J］. 黑龙江教育学院学报，2017，36（4）：4 – 6.

⑪ 张璐，霍国庆. 科技创新领军人才关键成功因素研究［J］. 管理现代化，2015，35（4）：64 – 66.

⑫ 李燕，肖建华，李慧聪. 我国科技创新领军人才素质特征研究［J］. 中国人力资源开发，2015（11）：13 – 20.

⑬ 黄小平，李毕琴. 高校科技创新型人才素质结构研究［J］. 心理学探析，2017，37（5）：454 – 458.

⑭ 刘瑞波，边志强. 科技人才社会生态环境评价体系研究［J］. 中国人口资源与环境，2014（7）：133 – 139.

⑮ 王剑程，朱永跃. 创新驱动背景下企业科技人才成长环境评价研究［J］. 科技进步与对策，2015（24）：120 – 124.

彤，2013①）；三是创新型科技人才培养与开发研究（时玉宝，2013②；张力学等，2014③；孙丽男等，2017④；雷莉，2017⑤）；四是创新型科技人才创新能力研究（吴江，2011⑥；顾卓，2016⑦；王成军等，2016⑧）；五是创新型科技人才竞争力研究（初铭畅等，2012⑨；李良成等，2012⑩；李中斌，2013⑪；张晓媛，2015⑫；张英杰，2016⑬；朱选功等，2018⑭）。呈现出愈加重视创新能力的新趋势。

二、知识价值研究的演进

关于知识价值的研究，国外相关研究可追溯到"知识产业"概念的提出

---

① 智晓彤．基于高新技术产业集群的创新型科技人才成长环境研究［J］．特区经济，2013（8）：186－189.

② 时玉宝．创新型科技人才的评价、培养与组织研究［D］．北京：北京交通大学，2013.

③ 张力学，张晓星，刘彦柱．创新型科技人才培养与开发模式初探［J］．东方企业文化，2014（24）：124，133.

④ 孙丽男，唐擘，李珊．基于素质模型的创新型科技人才培养的探讨［J］．黑龙江教育学院学报，2017，36（3）：10－12.

⑤ 雷莉．创新型科技人才培育的 SWOT 分析［J］．黑龙江教育学院学报，2017，36（4）：4－6.

⑥ 吴江．尽快形成我国创新型科技人才优先发展的战略布局［J］．中国行政管理，2011（3）：11－16.

⑦ 顾卓．科技人才创新能力评价指标体系的相关研究［J］．科技展望，2016（32）：300.

⑧ 王成军，郭明．创新型科技人才科技成果转化能力可拓评价［J］．科技进步与对策，2016（4）：106－111.

⑨ 初铭畅，熊晓路，于洋．因子分析在创新型科技人才竞争力评价中的应用［J］．辽宁工业大学学报（自然科学版），2012，32（5）：343－346.

⑩ 李良成，杨国栋．基于因子分析的广东省创新型科技人才竞争力评价［J］．科技管理研究，2012（10）：51－55.

⑪ 李中斌．论创新型科技人才竞争力评价指标体系的构建［J］．财经理论研究，2013（1）：69－73.

⑫ 张晓媛．保定市创新型科技人才竞争力评价［J］．合作经济与科技，2015（10）：128－129.

⑬ 张英杰．基于层次分析法的创新型科技人才竞争力评价研究——来自浙江省台州市的实证分析［J］．经济论坛，2016（9）：125－130.

⑭ 朱选功，刘冰月，王宁，等．河南省创新型科技人才竞争力评价研究［J］．洛阳师范学院学报，2018（9）：67－71.

（Machlup，1972①），经过"知识经济"（Drucker，1965②）、"后工业社会"（Bell，1973③）、"超工业社会"（Toffler，1980④）、"知识价值论"（Naisbitt，1982⑤）、"新经济增长理论"（Romer，1983⑥）、"知识价值社会的理论"（界屋太一，1985⑦）的多轮演进，直到"知识经济"被各界广泛接受并掀起知识经济研究的热潮（OECD，1996⑧），进而提出知识价值的度量（Chase，1997⑨）以及开展知识价值的讨论（Pritchard，2007⑩）。

国内相关研究从 20 世纪 80 年代关注"知识价值"的概念（王鹏程，1985⑪；司侔，1985⑫）、20 世纪 90 年代开展"知识经济"的理论分析和定量研究（陈禹等，1998⑬；吴季松，1999⑭）、到"知识价值理论研究"（张少杰等，2004⑮）、"知识价值的量化研究"（徐扬，2012⑯）、"知识管理"（王连娟等，2016⑰），不仅揭示了"知识价值"的本原，而且开始关注"知

---

① Machlup F. The production and distribution of knowledge in the United States ［M］. Princeton University Press，1972.

② 彼得·德鲁克，等. 知识管理 ［M］. 杨开峰，译. 北京：中国人民大学出版社，1999.

③ 丹尼尔·贝尔. 后工业社会 ［M］. 北京：科学普及出版社，1985.

④ 阿尔文·托夫勒. 第三次浪潮 ［M］. 黄明坚，译. 北京：中信出版社，2018.

⑤ 约翰·奈斯比特. 大趋势——改变我们生活的十个新方向 ［M］. 北京：中国社会科学出版社，1984.

⑥ Romer P M. Endogenous technological change ［J］. Journal of Political Economy，1998，5（10）：71 – 102.

⑦ 界屋太一. 知识价值革命 ［M］. 北京：东方出版社，1986：16 – 17.

⑧ OECD. 以知识为基础的经济 ［M］. 杨宏进，薛澜，译. 北京：机械工业出版社，1997.

⑨ Chase R L . The knowledge-based organization：An international survey ［J］. Journal of Knowledge Management，1997，1（1）：38 – 49.

⑩ Pritchard D. Anti-luck epistemology ［J］. Synthese：An International Journal for Epistemology，Methodology and Philosophy of Science，2007，3（3）：277 – 297.

⑪ 王鹏程. 知识价值论初议 ［J］. 经济学动态，1985（2）：52 – 54 .

⑫ 司侔. 论知识的价值 ［N］. 光明日报，1985 – 04 – 10（2）.

⑬ 陈禹，谢康. 知识经济的测度理论与方法 ［M］. 北京：中国人民大学出版社，1998 .

⑭ 吴季松.21 世纪社会的新趋势：知识经济 ［M］. 北京：北京科学技术出版社，1999：27 – 29.

⑮ 张少杰，张燕. 知识价值的测度理论与方法研究 ［J］. 吉林大学社会科学学报，2004（3）：53 – 59.

⑯ 徐扬. 知识价值及其增值的量化研究 ［J］. 情报杂志，2012，31（4）：148 – 152.

⑰ 王连娟，张跃先，张翼. 知识管理 ［M］. 北京：人民邮电出版社，2016：87.

识价值”的测度和计量。

三、创新型科技人才评价系统研究的演进

（一）关于评价模式

英国作为开展定量科研绩效评价最早的国家之一，采取了 SCI 评价模式；美国在进行评价、评估、人才选拔的过程中主要采用同行评议模式；日本通过颁布《国家研发评价纲要指南》为基础研究类科技人才评价提供导向（赵伟等，2014①）。国内学者开展了较丰富的研究，从“三维模型”到“三四五”模式（丁福兴，2012②）。具体可分为三个方面：一是人才分类。从二分法（创新类、创业类）（叶忠海，2009③；盛楠等，2016④）到三分法（基础研究类、工程技术类、创新创业类）（赵伟等，2013⑤；吴欣，2014⑥）。二是评价标准。从偏重素质特征的一元评价（吴欣，2014⑦）到注重素质特征、业绩贡献等多元评价（汪怿，2016⑧）。三是评价主体。从注重发挥政府部门或用人单位单一主体作用（高阳，2016⑨），到关注同行、市场、社会等第三方评价

---

① 赵伟，包献华，屈宝强，等．基础研究类创新型科技人才评价指标体系的构建［J］．科技与经济，2014，27（1）：81-85.

② 丁福兴．高校教师教学质量多元评价体系的构建：理据与框架［J］．现代教育科学，2012（1）：146-149.

③ 叶忠海．人才学基本原理研究［M］．北京：高等教育出版社，2009.

④ 盛楠，孟凡祥，姜滨，等．创新驱动战略下科技人才评价体系建设研究［J］．科研管理，2016，37（S1）：602-606.

⑤ 赵伟，包献华，屈宝强，等．创新型科技人才分类评价指标体系构建［J］．科技进步与对策，2013，30（16）：113-117.

⑥⑦ 吴欣．高层次创新型科技人才评价指标体系研究［J］．信息资源管理学报，2014，4（3）：107-113.

⑧ 汪怿．全球人才竞争的新趋势、新挑战及其应对［J］．科技管理研究，2016，36（4）：40-45.

⑨ 高阳．深化人才发展体制机制改革系列话题讨论之三：如何创新人才评价机制［EB/OL］．http：//www.sx-dj.gov.cn/admin，2016-05-26.

主体的作用（高阳，2016①）。呈现出多元化研究趋势。

（二）关于研究方法

国外研究主要有两种方法：一是使用层次分析法（AHP）对人才进行选拔和评估（Lai，1995②；Labib & Williams，1998③；Iwamura & Lin，1998④）；二是运用模糊模型对人才的工作能力进行评价（Drigas，2004⑤；Golec & Kahya，2007⑥；Lazarevic，2009⑦；Celik M et al.，2009⑧）。国内研究方法比较丰富，主要有五种：一是调查问卷法（何丽君，2015⑨；吴欣，2014⑩；廖志豪，2010⑪）；二是层次分析法（肖正斌等，2011⑫；丁月华，2011⑬；张晓

---

① 高阳. 深化人才发展体制机制改革系列话题讨论之三：如何创新人才评价机制 [EB/OL]. http：//www. sx-dj. gov. cn/admin，2016 - 05 - 26.

② Lai Y J. Interactive multiple objective system technique [J]. Ournal of Operational Research Society，1995，6 (46)：958 - 976.

③ Labib A，Williams D. An intelligent maintenance model (system)：An application of the analytic hierarchy process and a fuzzy rule-based controller [J]. Journal of Operational Research Society，1998，49 (7)：745 - 757.

④ Iwamura M，Lin B. Chance constrained integer programming models for capital budgeting environments [J]. Journal of Operational Research Society，1998，11 (46)：846 - 860.

⑤ Drigas A，Kouremenos S，Vrettaros S，et al. An expert system for job matching of the unemployed [J]. Expert Systems with Applications，2004，9 (26)：217 - 224.

⑥ Golec A，Kahya E. A fuzzy model for comptetency-based employee evaluation and selection [J]. Computers & Industrial Engineering，2007，7 (52)：143 - 161.

⑦ Lazarevic B. Personnel selection fuzzy model [J]. International Transactions in Operational Research，2009，4 (8)：89 - 105.

⑧ Celik M，Kandakoglu A，Er I D. Structuring fuzzy integrated multi-stages evaluation model on academic personnel recruitment in MET institutions [J]. Expert Systems with Applications，2009，36 (392)：6918 - 6927.

⑨ 何丽君. 青年科技领军人才胜任力构成及培养思路 [J]. 科技进步与对策，2015，32 (8)：145 - 149.

⑩ 吴欣. 高层次创新型科技人才评价指标体系研究 [J]. 信息资源管理学报，2014，4 (3)：107 - 113.

⑪ 廖志豪. 创新型科技人才素质模型构建研究——基于对 87 名创新型科技人才的实证调查 [J]. 科技进步与对策，2010，27 (17)：149 - 152.

⑫ 肖正斌，朱善定，张小菁. 湖南省创新型科技人才绩效评价研究 [J]. 科技管理研究，2011 (22)：48 - 51，73.

⑬ 丁月华. 基于层次分析法的创新型人才评价体系 [J]. 中北大学学报（社会科学版），2011，27 (2)：42 - 45.

娟，2013①；刘元春，2016②）；三是因子分析法（张厚和等，2006③；李良成等，2012④；赵伟等，2014⑤）；四是模糊方法（曲文玉，2009⑥；李彦军，2011⑦；陈晴，2016⑧）；五是德尔菲法（韩瑜等，2010⑨；盛楠等，2016⑩）。

（三）关于评价指标体系

国外基本上是以胜任力模型来建构评价指标体系（赵伟等，2013⑪）。国内众多学者依据不同的研究方法从不同维度构建评价指标体系，主要有：三维评价模型（肖正斌等，2011⑫；吴江，2011⑬；丁月华，2011⑭；盛楠等，2016⑮）、

---

①　张晓娟．产业导向的科技人才评价指标体系研究［J］．科技进步与对策，2013（12）：137 – 141.

②　刘元春．构建多元评价体系［J］．中国高等教育，2016（2）：5 – 7.

③　张厚和，方培华，孙伟，等．苏州市人才综合竞争力评估指标体系的建立与应用［J］．苏州大学学报，2006（1）：125 – 129.

④　李良成，杨国栋．广东省创新型科技人才竞争力指标体系构建及评价［J］．科技进步与对策，2012，29（19）：130 – 135.

⑤　赵伟，包献华，屈宝强，等．基础研究类创新型科技人才评价指标体系的构建［J］．科技与经济，2014，27（1）：81 – 85.

⑥　曲文玉．模糊思想在人才评价中的应用研究［D］．山东：中国石油大学（华东），2009.

⑦　李彦军．高校高层次人才绩效评价研究［J］．中国人才，2011（3）：50 – 58.

⑧　陈晴．基于模糊方法的研发人员绩效考核体系研究［J］．中外企业家，2016（2）：180，184.

⑨　韩瑜，邵红芳，薄晓明，等．试论省属高校拔尖创新人才评价［J］．山西高等学校社会科学学报，2010（4）：108 – 111.

⑩⑮　盛楠，孟凡祥，姜滨，等．创新驱动战略下科技人才评价体系建设研究［J］．科研管理，2016，37（S1）：602 – 606.

⑪　赵伟，包献华，屈宝强，等．创新型科技人才分类评价指标体系构建［J］．科技进步与对策，2013，30（16）：113 – 117.

⑫　肖正斌，朱善定，张小菁．湖南省创新型科技人才绩效评价研究［J］．科技管理研究，2011（22）：48 – 51，73.

⑬　吴江．尽快形成我国创新型科技人才优先发展的战略布局［J］．中国行政管理，2011（3）：11 – 16.

⑭　丁月华．基于层次分析法的创新型人才评价体系［J］．中北大学学报（社会科学版），2011，27（2）：42 – 45.

四维评价模型（韩利红，2012[①]；张晓娟，2013[②]）、五维评价模型（李光红等，2007[③]；原锟霞等，2009[④]；吴欣，2014[⑤]）、六维评价模型（赵伟等，2013[⑥]）。呈现出多维度评价趋势。

第三节　研 究 意 义

一、理论意义

（1）适应人才多元智能本质的特点，在尊重多元化价值取向的基础上，构建多元评价机制，丰富人才评价理论成果。

（2）以增加知识价值为导向，确立"崇尚知识创造价值"的新理念，建构知识价值测度模型以准确反映创新型科技人才的智力劳动特点和成长规律。

二、实践意义

（1）适应国家改进人才评价激励机制的发展目标，树立起人才多元发展

---

① 韩利红. 创新型科技人才的特征及其创新性管理 [J]. 河北学刊，2012, 32 （4）：138 – 141.
② 张晓娟. 产业导向的科技人才评价指标体系研究 [J]. 科技进步与对策，2013 （12）：137 – 141.
③ 李光红，杨晨. 高层次人才评价指标体系研究 [J]. 科技进步与对策，2007, 24 （4）：186 – 189.
④ 原锟霞，牛冲槐，李秋霞. 山西省科技创新型人才评价指标体系的构建 [J]. 管理科学研究，2009 （6）：37 – 38.
⑤ 吴欣. 高层次创新型科技人才评价指标体系研究 [J]. 信息资源管理学报，2014, 4 （3）：107 – 113.
⑥ 赵伟，包献华，屈宝强，等. 创新型科技人才分类评价指标体系构建 [J]. 科技进步与对策，2013, 30 （16）：113 – 117.

的激励体系。

（2）最大限度调动创新型科技人才的工作积极性，促进经济社会的可持续发展。

第四节　研究方法与研究思路

一、研究方法

（1）运用文献检索、问卷调查、专家访谈等方法研究确定创新型科技人才的类别。

（2）运用文献研究法对相关数据资料进行整理，通过数据分析、提炼整合、聚类划分出相关指标；依据指标之间的相关性分析，采用 Delphi 法筛选指标；运用探索性因子分析对创新型科技人才多元评价模型进行初步验证；运用验证性因子分析对创新型科技人才多元评价模型进行进一步验证；运用回归分析法对创新型科技人才多元评价模型的信度和效度进行检验，验证评价模型的有效性和实操性。数据统计采用 SPSS、AMOS 软件。

（3）采用案例分析、比较分析，对北京、上海、广东、江苏、浙江、安徽等省份的科技人才评价改革进行比较分析，验证评价机制的实践效果。

上述研究方法相互补充、所得结果相互印证，跨学科方法贯穿整个研究全程。

二、研究思路

本书拟从理论分析、模型构建和实践应用三个层面展开：从评价对象多元、评价标准多元、评价主体多元进行理论分析；从体系构建、指标筛选、指标赋权、模型验证进行模型构建；从建立协同保障机制和综合监管体系视域探讨多元评价体系的实践应用。具体思路如图 1-1 所示。

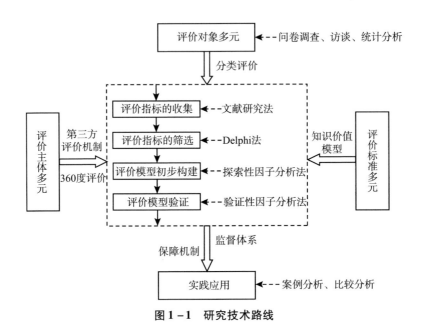

图 1-1　研究技术路线

第二章

创新型科技人才评价的理论基础

第一节　创新型科技人才
##　　　　与知识价值的内涵

一、创新型科技人才的内涵、特征与分类

（一）创新型科技人才的内涵

随着经济社会的快速发展，人才的作用日渐突出，有关创新型科技人才的研究也随之受到了专家学者们的重视。对于创新型科技人才的概念，专家学者们基于自身的角度都有不同的理解，但

迄今为止专家学者们仍然没有达成概念层面的共识。和创新型科技人才较为相近的是人才、科技人才和创新型人才。结合国内外学者的研究，本书通过对人才、科技人才和创新型人才的概念梳理，逐步地理解创新型科技人才的内涵。

1. 人才

有关人才的定义，目前学术界的说法很多。例如，叶忠海（2005）提出人才是指在某一特定条件下，凭借其创造性劳动对社会或社会某个方面的发展，做出重要贡献的人[①]。赵恒平和雷卫平（2003）认为人才是指那些具有良好的综合素质，并通过其创造性劳动，对经济发展和社会进步产生较大影响的人[②]。邹绍清和罗洪铁（2008）认为人才普遍具有较好的素质条件，并通过某些创造性劳动成果，促进社会发展和推动人类进步[③]。《国家中长期人才发展规划纲要》中，将人才定义为"掌握扎实的专业知识和熟练的专业技能，并凭借个人能力进行创造性生产劳动，对经济发展和社会发展做出突出贡献的人，是人力资源中各方面比较突出的劳动者。"

2. 科技人才

对于科技人才的定义，学者左汉宾（2004）提出具体是指那些可以参与或有机会参与的、促进科技知识和科技成果产生和发展的一线人才[④]。屈宝强等（2016）将科技人才定义为在实际的生活或工作中直接或间接参与高水平的科技创新活动的人，主要有工程师、技术人员以及科学家等[⑤]。封铁英

① 叶忠海. 高层次科技人才的特征和开发 [J]. 中国人才，2005（17）：25 – 26.
② 赵恒平，雷卫平. 人才学概论 [M]. 武汉：武汉理工大学出版社，2003：13.
③ 邹绍清，罗洪铁. 试论创新型人才价值 [J]. 中国人才，2008（23）：12 – 14.
④ 左汉宾. 湖北科技人才调研报告 [J]. 科技进步与对策，2004，21（11）：41 – 43.
⑤ 屈宝强，彭洁，赵伟. 我国科技人才信息管理的现状及发展 [J]. 科技管理研究，2016（10）：154 – 159.

（2007）在总结前人观点的基础上，认为科技人才具体指那些包含高尚的思想品德，掌握牢固的科学理论知识和熟练的专业技能，同时在某个行业有一定突破和贡献的杰出工作者①。

3. 创新型人才

学者李俊卿和胡甲刚（2001）基于创新的定义，指出创新型人才具体是指那些能够打破人们常规看法，并通过分析总结已有的数据和资料、能够实现一定突破和创新的高层次科技人才，同时自身拥有一些比较难得的个性特征，包括创新意识、创新能力等②。朱晓妹（2013）在总结国内外学者关于人才和创新的研究基础上，指出可根据创新型人才的创新素质、实践活动和工作绩效三个角度去定义创新型人才的概念，并总结出了创新型人才的三个特征，主要包括价值、素质和能力③。周晓东和陈南（2001）认为可根据人才所处的社会环境，将其定义为在现实工作中通过自身的创造性劳动给经济和社会带来巨大影响的人。在人才的定义的基础上，朱晓妹等（2013）提出创新型人才和一般型人才的主要区别在于其取得的创造性科技成果，他们通常具有创新精神、创新人格和创新能力的特征④。任飏和陈安（2017）认为创新型人才具备普通人才不具有的素质特征，在这些特征的基础上，他们去发现问题、分析问题和解决问题，并能够在现实工作中有所突破和创新，从而取得创造性成果的人才⑤。

4. 创新型科技人才

国外学者对创新型科技人才的理解比较宽泛，一般注重从心理学角度突

---

① 封铁英. 科技人才评价现状与评价方法的选择和创新 [J]. 科研管理, 2007（S1）：30–34.
② 李俊卿，胡甲刚. 创新型人才简论 [J]. 教学与管理, 2001（22）：9.
③ 周晓东，陈南. 关于创新型人才的思考 [J]. 科技进步与对策, 2001（2）：111–112.
④ 朱晓妹，林井萍，张金玲. 创新型人才的内涵与界定 [J]. 科技管理研究, 2013（1）：153–157.
⑤ 任飏，陈安. 论创新型人才及其行为特征 [J]. 教育研究, 2017（1）：149–153.

出创造性人格和创造性思维的特点，在强调人才个性全面发展的同时比较重视创新意识和创新能力的培养。而国内学者从各自不同的视角对创新型科技人才的内涵进行了界定，例如，黄小平（2017）认为创新型科技人才是指具有一定创造力，并在某个学科领域内做出重大科研成果和创新贡献的科技人才[①]；王立朴（2017）认为创新型科技人才是指具有创新意识、创新精神和创新能力，拥有扎实的专业知识、良好的综合素质、求真务实的科研精神和高尚的奉献精神，并能够创造性解决问题，取得创新成果的人才[②]；盛楠等（2016）认为创新型科技人才是指具有较强创新能力和创新精神，长期从事原创性科学研究、技术创新活动和科技服务的科技人才[③]；吴欣（2015）认为创新型科技人才是指拥有扎实的专业知识、良好的综合素质、较强的科技管理能力和积极的开发创新能力，能够参与并促进科技发展，并在推动社会科技发展进程中发挥积极有效的作用，通过创新贡献社会、奉献社会的人才[④]。但到目前为止仍没有达成概念层面的共识。

（二）创新型科技人才的特征

对创新型科技人才特征的研究，国内外文献都非常丰富，而且一般都是从素质特征描述或评价指标设立两个角度展开的。国外文献中关于创新型科技人才素质特征描述较具代表性的有：刘泽双等（Liu et al.，2009）从创新意识、创新能力和创新质量三个方面描述了创新型科技人才的个性

---

① 黄小平. 五因子素质结构模型构建及其对我国高校创新型科技人才培养的启示 ［J］. 复旦教育论坛，2017，15（2）：54 – 60.

② 王立朴. 基于多维绩效观的创新型科技人才评价体系构建 ［D］. 天津：天津商业大学，2017.

③ 盛楠，孟凡祥，姜滨，等. 创新驱动战略下科技人才评价体系建设研究 ［J］. 科研管理，2016，37（S1）：602 – 606.

④ 吴欣. 创新型科技人才的典型特质综述 ［J］. 内蒙古师范大学学报（教育科学版），2015，28（5）：40 – 41.

特征①；贝利（Bailey，1979）把创新型科技人才的个性特征概括为创新精神、严谨性和创造力三个方面②；斯列辛斯基（Slesinski，1991）阐述了创新型科技人才的 10 个一般性特征③。而关于创新型科技人才的评价指标，国外文献比较注重心理素质、基本技能、专业技能和绩效成果等四个方面，其中，心理素质主要涉及创新型科技人才的职业兴趣、认知能力和人格特质等方面；基本技能主要涉及创新型科技人才完成岗位工作所需要的表达力、沟通力和执行力等方面；专业技能主要涉及创新型科技人才的专业背景、职业技术水平及专业能力等方面；绩效成果主要涉及创新型科技人才的工作态度、行为表现、工作成效和价值贡献等方面④。国内文献（见表 2 - 1）中，关于创新型科技人才素质特征描述较具代表性的有：雷莉（2017）把创新型科技人才的素质特征概括为创新精神与创新思维、持之以恒精神、广博的知识体系、解决问题的能力等四个方面⑤；黄小平（2017）认为创新能力 - 思维风格、创新个性 - 动机、科学创新的核心价值理念、学术共同体内交流与合作倾向、广博精深的专业知识 - 技能是创新型科技人才的五大核心特征⑥；孙丽男等（2017）从适应科技发展趋势的知识体系、利于科技创新成果产生的思维形式、激发科技人才创新的内在个性品质、利于创造巨大价值的完善创新能力四个方面阐述了创新型科技人才的素质特征⑦。而更多学者从人才评价指标角度提出了创新型科技人才应具有的素质特征，例如，盛楠等（2016）认为

---

① Liu Z S, Yan F Q, Li J. Based on similar distance vector algorithm lmmune genetic characteristics of the creative talents of genetic selection [R]. 2009 Second International Conference on Education Technology and Training, 2009：274 - 276.

② Bailey R L. Disciplined creativity for engineers [M]. AnnArbor, MI. AnnArbor Science, 1979.

③ Slesinski R. 10 traits of creative people [J]. Executive Excellence, 1991, 8 (8)：10.

④ 汪俊，陈大栋. 人才评价机制研究述评 [J]. 经营管理者, 2016 (24)：187 - 188.

⑤ 雷莉. 创新型科技人才培育的SWOT分析 [J]. 黑龙江教育学院学报, 2017, 36 (4)：4 - 6.

⑥ 黄小平. 五因子素质结构模型构建及其对我国高校创新型科技人才培养的启示 [J]. 复旦教育论坛, 2017, 15 (2)：54 - 60.

⑦ 孙丽男，唐擘，李珊. 基于素质模型的创新型科技人才培养的探讨 [J]. 黑龙江教育学院学报, 2017, 36 (3)：10 - 12.

应从基本素质、创新能力、创新成果三个方面评价创新型科技人才①；陈苏超（2014）从知识层次、综合能力、创新水平、社会贡献等四个方面构建了创新型科技人才的评价指标体系②；赵伟等（2013）从创新知识、创新技能、管理能力、创新能力、创新动力、影响力等六个方面构建了创新型科技人才分类评价指标体系③。

表2-1　　　国内文献关于创新型科技人才的素质特征或评价指标描述

序号	文献名称	作者	素质特征或评价指标
1	创新型科技人才培育的SWOT分析	雷莉（2017）	创新精神与创新思维、持之以恒精神、广博的知识体系、解决问题的能力
2	五因子素质结构模型构建及其对我国高校创新型科技人才培养的启示	黄小平（2017）	创新能力-思维风格、创新个性-动机、科学创新的核心价值理念、学术共同体内交流与合作倾向、广博精深的专业知识-技能
3	论创新型人才及其行为特征	任飏、陈安（2017）	高智商、素质、知识、经验
4	创新型科技人才职业素质自我认知	廖志豪、廖建华（2017）	知识智力、行动能力、人格动机
5	基于素质模型的创新型科技人才培养的探讨	孙丽男、唐擘（2017）	适应科技发展趋势的知识体系、利于科技创新成果产生的思维形式、激发科技人才创新的内在个性品质、利于创造巨大价值的完善创新能力
6	创新驱动战略下科技人才评价体系建设研究	盛楠、孟凡祥（2016）	基本素质、创新能力、创新成果

① 盛楠，孟凡祥，姜滨，等．创新驱动战略下科技人才评价体系建设研究［J］．科研管理，2016，37（S1）：602-606.

② 陈苏超．高层次创新型科技人才评价及对策研究［D］．山西：太原理工大学，2014.

③ 赵伟，包献华，屈宝强，等．创新型科技人才分类评价指标体系构建［J］．科技进步与对策，2013，30（16）：113-117.

序号	文献名称	作者	素质特征或评价指标
7	构建多元评价体系	刘元春（2016）	知识素质、多维核心能力、综合素养、社会影响、工作业绩
8	我国科技创新领军人才素质特征研究	李燕、肖建华（2015）	专业素质、态度与品格、个人特质、思维特征、领导力
9	创新型科技人才的典型特质综述	吴欣（2015）	专业能力、综合分析能力、创新意识、独立性
10	基于素质模型的创新型人才模糊综合评价体系构建	薛磊、窦德强（2014）	创新知识、创新能力、创新意识、创新人格
11	企业创新型人才素质模型的构建——基于中国移动通信集团调研数据的质性研究	朱春玲、刘永平（2014）	知识结构、思维方式、个性特征、行为实践、价值取向
12	高层次创新型科技人才评价指标体系研究	吴欣（2014）	创新品质、创新表现、创新知识、创新技能、团队领导能力
13	创新型工程科技人才培养问题研究	马壮（2014）	思想素质好、知识结构合理、创新能力强、能力素质高
14	创新型科技人才的评价、培养与组织研究	时玉宝（2014）	主观创新意向力、基础心智力、思维观察能力、身心自束能力、科技创新能力、知识配置能力、其他特征力
15	高层次创新型科技人才评价及对策研究	陈苏超（2014）	知识层次、综合能力、创新水平、社会贡献
16	关于科技人才评价的若干思考	于珈（2014）	身体素质、思想道德、专业知识、科技能力、工作业绩
17	创新型科技人才分类评价指标体系构建	赵伟、包献华（2013）	创新知识、创新技能、管理能力、创新能力、创新动力、影响力

续表

序号	文献名称	作者	素质特征或评价指标
18	创新型工程科技人才培养规格探析	崔玉祥、刘颖楠（2013）	道德品质及身心素质、社会责任感、社会适应能力、多维知识结构、创新意识与创新能力、专业实践能力
19	创新型科技人才的特征及其创新性管理	韩利红（2012）	素质能力特征、心理特征、行为特征、绩效特征
20	创新型科技人才及其素质特征	麻盼盼（2012）	基本素质（科学的世界观、人生观、价值观，多学科交叉的综合的知识结构，科学的方法论）、创新素质（创新意识，创新人格，创新思维，创新能力）
21	基于层次分析法的创新型人才评价体系	丁月华（2011）	创新品格、创新知识、创新才能
22	基于智商—情商—逆商的创新型人才素质模型	盛晓娟、张秋月（2011）	智商、情商、逆商
23	尽快形成我国创新型科技人才优先发展的战略布局	吴江（2011）	思维结构、个性品质、专业知识、创新能力
24	企业创新型科技人才成长环境研究	王路路（2010）	创新意识、积极的人生态度、独立性、综合的知识结构
25	基于3Q的四维度创新型科技人才素质模型	王养成、赵飞娟（2010）	创新支撑素质（良好的身体素质）、创新智能素质（自主学习能力、资源掌控能力、创新实践能力）、创新调节素质（人际关系能力、自我认知能力）、创新激励素质（自我实现需要、创新意识）
26	创新型科技人才素质模型构建研究——基于对87名创新型科技人才的实证调查	廖志豪（2010）	创新品格、创新思维、创新知识、创新能力
27	引进高层次创业创新人才评价指标体系研究	曹继娟（2010）	经历、技术、能力

注：2010年以来的部分文献，按时间倒序排列。

综上所述，尽管国内外文献对创新型科技人才素质特征描述或评价指标设立的内容丰富多样，但综合比较发现，"道德或品格""知识或能力"和"业绩或贡献"是阐释或衡量创新型科技人才的共性特征和主要指标。

　　仔细研读我国第一次全国人才工作会议召开以来政府颁布的相关文件，《关于进一步加强人才工作的决定》（2003 年）提出把"品德、知识、能力和业绩作为衡量人才的主要标准"、《国家中长期人才发展规划纲要（2010—2020 年）》（2010 年）提出要建立"以品德、能力和业绩为导向"的人才评价发现机制、《国家中长期科技人才发展规划（2010—2020 年）》（2010 年）提出将"科学精神、科学道德纳入对科技人才的评价指标"、《深化科技体制改革实施方案》（2015 年）提出要建立"以能力和贡献为导向的评价和激励机制"、《关于深化人才发展体制机制改革的意见》（2016 年）、《关于开展科技人才评价改革试点的工作方案》（2022 年）提出要建立"突出品德、能力和业绩"的创新人才评价机制、《关于实行以增加知识价值为导向分配政策的若干意见》（2016 年）强调要"使科技人员收入与岗位职责、工作业绩、实际贡献紧密联系"、《关于深化职称制度改革的意见》（2017 年）提出要从"坚持德才兼备、以德为先；科学分类评价专业技术人才能力素质；突出评价专业技术人才的业绩水平和实际贡献"三个方面完善职称评价标准等等，我们同样可以发现"品德""能力""业绩或贡献"在创新型科技人才素质特征描述或评价指标设立方面的重要性。

　　因此，本书总结认为创新型科技人才的素质特征或评价指标应从"职业道德""能力素质"和"业绩贡献"三个方面进行描述或设立，并将其含义表述为：第一，职业道德，指创新型科技人才应具有良好的职业操守和从业行为，善于打破常规，具有不断追求创新知识的科学精神，勇于探索，敢于质疑权威，有强烈的社会责任感，诚信承诺，学术规范；第二，能力素质，指创新型科技人才对科学研究具有强烈的热情和较强的独立性，掌握扎实的基础知识和专业技能，具有某一领域的专业实践能力，能顺利从事科学研究、技术开发等科技创新活动，具有敏锐的洞察力和较强的创新能力，在分析解决问题的过程中能够始终从创新的角度去思考并提出创新性见解；第三，业绩贡献，指创新型科技人才能够在某一领域取得较高的工作绩效和创新成果，其创新成果具有很好的经济效益和社会效益。

基于上述分析和结论，本书将创新型科技人才界定为：在科学技术领域长期从事科技创新活动，具有高尚的职业道德、较强的能力素质，能够为科技发展和社会进步做出突出业绩贡献的人才。

(三) 创新型科技人才的分类

关于创新型科技人才的分类，由于各自研究的角度不同，目前学术界还没有形成统一的意见，不同的学者基于不同的角度有不同的分类。张玉岩和王蒲生（2006）认为创新型科技人才可划分为三类。第一，原始创新型科技人才。原始创新型科技人才根据个人活动的目的进行创新，如科学家从事科学理论研究的目的是提高科技生产力。第二，集成创新型科技人才。集成创新型科技人才将已有的科技成果和相对比较成熟的科学技术进行再加工和再组合，形成新的综合性创新成果。集成创新在原始创新的基础上实现再一次的创新，是科技进步和社会发展导致的社会分工逐步细化的结果。第三，消化吸收再创新型科技人才。消化吸收再创新具体是指在学习、消化和吸收前人研究成果的基础上进行再改进和再创新，是比前两种创新活动更先进和更科学的另一种创新活动①。

王路璐（2010）认为可根据创新型科技人才的不同评价标准分类。按人才的科技成果数量、带来的经济效益和社会效益可以划分为：普通型人才、拔尖型人才和杰出型人才；按在企业中担任的具体职位可以划分为科研类人才、技术类人才和管理类人才，分别代表科学家、工程师和企业家；按在社会实践活动中位于的地位和在科技创新活动中位于的环节分为基础型人才和研发型人才两类②。

---

① 张玉岩，王蒲生. 自主创新型科技人才培养模式专业博士的视角 [J]. 中国科技论坛，2006 (6)：106 – 110.

② 王路璐. 企业创新型科技人才成长环境研究 [D]. 哈尔滨：哈尔滨工程大学，2010.

吴江（2011）从以下两个角度对创新型科技人才进行分类。第一，分别从创新型科技人才的工作职称、获奖等级、科研项目以及科研成果类别进行分类。根据创新型科技人才的工作职称可分为：杰出青年基金获奖者、百人计划入围者和两院院士；根据创新型科技人才的获奖等级可分为：省级科技进步奖、国家科技进步奖以及国家自然科学奖；根据科技人才参与的科研项目可分为：国家自然科学基金或社会科学基金的重大项目负责人，国家重点实验室、重点学科、科学技术研究中心的科研骨干；从科研成果转化情况分为：在影响力较大的权威期刊上以第一作者的身份发表有价值的论文、在技术型企业中有知识产权并在产业化方面有重大突破的科技人才。第二，从创新型科技人才的素质特征和影响其发展的角度可划分为思维型人才、领导型人才、弥补型人才、专业知识型人才和应用能力型人才[①]。彭云和余小平（2013）基于团队研发和团队创新的角度将创新型科技人才划分为三类，包括团队领导型科技人才、弥补型科技人才和知识创新型科技人才[②]。

赵伟等（2013）在界定人才概念的基础上，认为创新型科技人才作为人才的其中一类，对创新型科技人才分类也应该建立在人才分类的基础上，传统意义的人才划分主要有两类：一类是按照科技人才的不同社会活动分工进行划分，包括致力于科研领域的科技人才，分布在医药、农业、工业等不同学科在内的科技人才以及工作于体制内外的科技人才；另一类是按照人才的自身素质特征划分，包括按照不同年龄阶段可划分为老年、中年以及青年科技人才，按照人才的自身能力高低和科研成果价值将科技人才划分为一般型、拔尖型、杰出型和领军型科技人才，等等。除此之外，赵伟和包献华还根据创新型科技人才所处的社会活动分工的具体环节和自身的经济条件将创新型科技人才分为创新创

[①] 吴江. 尽快形成我国创新型科技人才优先发展的战略布局 [J]. 中国行政管理，2011（3）：11 – 16.

[②] 彭云，余小平. 科研创新团队人才评价与遴选 [J]. 中国高校科技，2013（8）：78 – 79.

业类科技人才、技术开发类创新型科技人才和基础研究类创新型科技人才①。王贝贝（2013）在创新型科技人才的概念和相关文献研究的基础上将其分为三类，分别为基础理论研究类科技人才、应用研究类科技人才和技术研发类科技人才②。盛楠等（2016）在人才强国战略和创新驱动发展战略的背景下，并结合创新型科技人才的定义，将科技人才分为科技创业型人才和科技创新型人才③。李良成和于超（2018）结合相关创新政策和技术生命周期将创新型科技人才分为基础研究类人才、工程技术类人才和创新创业类人才④。

本书基于个体创新行为理论，遵循科技人才成长规律和学术发展规律，在前述对创新型科技人才内涵的界定并综合上述分类观点的基础上，依据创新型科技人才在社会实践活动中所处的地位和在科技创新活动中所处的环节，将创新型科技人才分为哲学社会科学人才和自然科学人才，其中自然科学人才又分为基础研究人才、应用研究人才、技术开发人才和成果转化人才。

二、知识价值的内涵、特征与分类

（一）知识价值的内涵

知识经济时代，知识和经济融为一体，作为特殊资源的知识已成为最重要的生产要素和财富。知识在经济社会发展中的地位及其作用的变化，引起了国内外学者对知识以及知识价值的重视和对知识价值内涵的重新思考。关

---

① 赵伟，包献华，屈宝强，等. 创新型科技人才分类评价指标体系构建 [J]. 科技进步与对策，2013（16）：113 –117.
② 王贝贝. 创新型科技人才特征：结构维度、相互影响及其在评价中的应用 [D]. 南京：南京航空航天大学，2013.
③ 盛楠，孟凡祥，姜滨，等. 创新驱动战略下科技人才评价体系建设研究 [J]. 科研管理，2016，37（S1）：602 –606.
④ 李良成，于超. 基于内容分析法的广东省科技创新人才开发政策研究 [J]. 科技管理研究，2018，38（5）：49 –56.

于知识价值的内涵，国内外学者从不同的角度进行了阐释。首先，从经济学角度，知识价值是指由于反映社会主体结构与公众主观意识，被社会所认可的带有创造性的知识与智慧的价值，即知识价值是"用知识与智慧创造出来的价值"（界屋太一，1986①）；知识价值是指以一定的智力劳动为基础，由知识生产者通过知识与智慧创造性劳动所产生的价值（吴瑶，2005②）；知识价值是指知识改变问题状态的能力，即知识的作用是解决问题，而知识价值反映了知识解决问题能力的大小（徐扬，2012③）；知识作为一种特殊的资源具有极为特殊的价值，具体体现在：知识是一种智慧结晶，具有一定的学术价值；知识是一种科学资源，具有一定的使用价值；知识是一种特殊产品，具有一定的交换价值。知识的学术价值和使用价值反映了知识的内在价值，知识的交换价值反映了知识的外在价值（李鹏程，1997④）。其次，从哲学角度，知识价值是知识对人类需要的满足并在实践中促进人类自身发展的价值。知识价值是以人为主体，以知识为客体所构成的价值关系，且知识价值会因主体对客体的不同需要而有不同的价值表现。也就是说，知识价值是人与知识之间的一种统一状态，即知识价值是在人与知识相互作用过程中，知识能够满足人的需要的属性与功能（王久华，1999⑤）。基于上述分析，本章把知识价值定义为：知识价值就是知识所体现出来的价值，它既体现在知识的内在价值上，也表现在知识的外在价值上。

（二）知识价值的特征

1. 知识价值的系统性

系统性是知识价值的重要特性，是人们对知识的理论概括和整体把握。

---

① 界屋太一. 知识价值革命［M］. 北京：东方出版社，1986：16 - 17.

② 吴瑶. 论知识的价值［D］. 大连：大连理工大学，2005.

③ 徐扬. 知识价值及其增值的量化研究［J］. 情报杂志，2012，31（4）：148 - 152.

④ 李鹏程. 谈知识的价值［J］. 山西图书馆学报，1997（1）：48 - 50.

⑤ 王久华. 知识价值的基本内涵［J］. 经济学文摘，1999（6）：47.

随着经济社会的快速发展，人们的社会实践活动越来越丰富多样，因此对知识的开发利用也更加多角度、多层次和多要求。零散性的、碎片化的知识开发利用活动，尽管也会在一定程度和范围对经济社会发展产生积极作用，直至推动经济发展和社会进步，但其影响终归是肤浅的、短暂的，而系统性的知识开发利用活动才能对经济社会发展产生深刻的、长远的影响。

2. 知识价值的科学性

科学性是知识价值的根本特性，是知识得以产生、传播、开发和利用的基石。一般认为，凡是能够满足于人们有益需要的知识都具有一定的科学性，具有推动和引导社会进步的功能。无数的社会实践证明，无论是通过感性认识的积累还是通过理性认识的提升所形成的知识，只要能反映社会客观规律，就是人们对社会实践活动的科学总结。

3. 知识价值的创新性

创新性是知识价值的又一重要特性，是人们灵活运用知识的重要体现。自然和社会的运动本身就是一个不断变化发展的过程，因此，人们认识与改造自然和社会的过程也应是一个不断深化和完善的过程。创新性的思维，必须有探求新事物，并为此而活用知识的态度和意识，即发挥创造力的真正关键，在于如何运用知识。因此，人们对知识价值的开发利用就决不能停留于某一阶段，受制于某一模式，局限于某一对象，而是要不断丰富与创造新知识，不断开发与利用知识的新价值，充分发挥知识价值的巨大效能，在与时俱进中充分发挥知识的巨大作用。

4. 知识价值的应用性

应用性是知识价值的又一重要特性，是人们学习、传播知识目的性的重要体现。知识的价值不仅有助于人们认识世界，而且有助于人们改造世界。

人们之所以会积极地学习、传播知识，其重要目的就是为了更好地开发、利用知识的价值，深化知识价值的应用程度，提高认识、改造世界的能力，满足个人和社会进步与发展的需求。

（三）知识价值的分类

关于知识价值的分类，学者们从不同的角度把知识价值划分为不同的类型。从实现方式上，把知识价值划分为直接价值与间接价值、或现实价值与潜在价值（李鹏程，1997①）。从存在形态上，把知识价值划分为静态价值与动态价值，其中静态价值既包括前人和他人积累劳动形成的价值（积累劳动价值），也包括物化劳动中物化智力转移的知识价值，还包括知识生产过程中创新者劳动创造的价值（劳动主体价值）；动态价值指知识产品在转化、应用、交换中所表现出来的价值（知识流通价值）（隗斌贤等，2000②）。从时空意义上，把知识价值划分为局部价值与全局价值、短期价值与长期价值、现实价值与历史价值。从主体角度上，把知识价值划分为个体知识价值与群体知识价值。从知识价值的功能上，把知识价值划分为经济价值、精神价值（真）、道德价值（善）与审美价值（美）（吴瑶，2005③）。从价值哲学上，把知识价值划分为知识的科学价值、知识的经济价值与知识的社会价值（范领进，2004④）。从表现形式上，把知识价值划分为隐性知识价值、显性知识价值与知识流通价值（郭瑛，2009⑤）。

基于上述分析，本章将知识价值区分为隐性知识价值、显性知识价值与流通知识价值三大类，并认为：第一，隐性知识价值，即由隐性知识为组织

---

① 李鹏程．谈知识的价值 [J]．山西图书馆学报，1997（1）：48 – 50.
② 隗斌贤，张玉茹，赵金飞．对知识价值的理论分析与定量研究 [J]．经济学动态，2000（7）：31 – 35.
③ 吴瑶．论知识的价值 [D]．大连：大连理工大学，2005.
④ 范领进．知识价值理论研究 [D]．吉林：吉林大学，2004.
⑤ 郭瑛．企业研发人员知识价值评价研究 [D]．南京：南京航空航天大学，2009.

创造出的价值。隐性知识是指难以用语言描述或者表达、不易衡量其价值且不易被他人所理解的特殊知识（Polanyi，1958[1]）。第二，显性知识价值，即由显性知识为组织创造出的价值。显性知识是指可以通过一定的方式如语言文字、图表数据或数学公式等描述或表达出来的，能够较容易地转移给他人的知识（Polanyi，1958[2]）。第三，流通知识价值，即知识在流通过程中为组织创造出的价值。知识流通主要是指员工个人的显、隐性知识与组织的显、隐性知识的相互转化、知识共享。经过从"员工个体隐性知识—组织隐性知识—组织显性知识—员工个体显性知识—员工个体隐性知识"的四次转换（即著名的 SECI 模型[3]，见图 2 - 1），员工将组织成员的个体隐性知识"内化"成自己内在的隐性知识，实现了个人价值的增值，从而给企业带来更大的经济效益，创造出更大的价值。

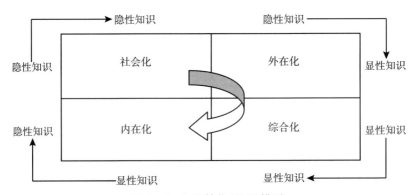

图 2 - 1　知识转化 SECI 模型

资料来源：王连娟，张跃先，张翼. 知识管理［M］. 北京：人民邮电出版社，2016。

---

①②　Polanyi M. Personal knowledge［M］. Chicago：Chicago University Press，1958：13 - 51.

③　著名的 SECI 模型：1995 年日本学者野中郁次郎（Ikujiro Nonaka）和竹内弘高（Hirotaka Takeuchi）合著《创新求胜》（*The Knowledge-Creating Company*）一书，把知识转化归纳为 4 种基本模式——社会化（socialization）、外在化（externalization）、综合化（combination）和内在化（internalization）。

第二节　创新型科技人才评价的相关理论

构建创新型科技人才多元评价系统，实施对创新型科技人才客观科学公正的评价，首先必须尊重创新型科技人才成长规律和科研活动自身规律，学习和把握创新型科技人才评价的相关理论。

一、多元智能理论

传统智能理论认为，解答智力测验试题的能力就是智商（IQ）测试所体现的智能概念。根据 IQ 理论，从不同年龄段中抽取一定受测者，根据他们的解答以统计的方法得出测验分数，对这些分数加以比较，从而推断出他们的智能。从测验分数可以分析出，在不同测验中，不同年龄受测者所得到的结果之间有明显的相关性，由此可以证明：IQ 分数的高低与人的智力水平是成正比的；智能是单一化的，不会随着年龄、学历、经历的变化而大幅变化。

与传统智能理论相比，美国教育家、心理学家加德纳（Gardner，2004）提出的多元智能理论关注于那些对社会发展与进步做出贡献的人物，他认为"智能是一种生物生理潜能"[①]。智能和文化环境、社会需求之间存在着密切的联系。要想某种能力被认定为智能，该能力就要在某一个文化背景中存在价值，若没有价值，则称不上智能。因此多元智能理论中的"智能"是指"在特定的文化背景或社会现实中，解决具体问题或制造产品的能力"。而解决具体问题的能力更注重的是创新能力，并且创新能力在不同文化背景下受重视的程度又直接影响解决问题的能力。

---

① Gardner H. 多元智能：7 种智能改变命运［M］. 沈致隆，译. 北京：新华出版社，2004.

多元智能理论认为人的智能不是单一的，是多元化的。每一个人都具备至少七种智能，即语言智能（掌握并运用语言、文字的能力）、逻辑智能（逻辑推理、数学运算以及科学分析方面的能力）、音乐智能（感觉、欣赏、演奏、歌唱、创作音乐等的能力）、运动智能（运用全身或身体的一部分来解决问题或创造产品的能力）、人际智能（了解他人，与人合作的能力）、空间智能（针对所观察的事物，在脑海中形成一个图像或模型从而加以运用的能力）、自我认知智能（深入并理解自己内心世界并用以指导自己行为的能力），并且每种智能的运作都与人脑的某些部位的组织相关，接受该部位组织神经系统的指挥。后来加德纳又添加了存在智能（思考生命的价值、死亡的意义以及在自然界和人类社会中为自己定位的能力）和自然观察智能（对自然界的动植物以及一切事物进行研究、分类和归纳的能力）①。

关于加德纳（Gardner，2004）的多元智能理论，我们可以从以下五个方面去理解：一是九种智能是相对独立的，各自有着不同的发展规律并使用不同的符号系统；二是同一种智能在不同个体身上的表现形式是不一样的；三是不同的智能往往以不同的方式和程度有机地结合在一起，使得每个人的智能结构各具特点；四是每一种智能具有同等的重要性，在人类认识世界和改造世界的过程中都发挥着各自独特的作用；五是每个人与生俱来就在某种程度上拥有以上九种智能的潜能，环境和教育对这些智能的培育和开发有重要作用②。每个人的智能结构都存在一定的差异性，都有自己的优势智能领域和弱势智能领域。学会组合并运用这些智能，会对取得成功起到不小的帮助。同时，人的智能也不是一成不变的，是可以后天开发的，人生经历、文化背景和社会环境的变化最终都会影响智能的培育、开发和提升。

多元智能理论的评价观承认人的智能结构的多元化，为评价标准和评价

---

① 李敦东. 近30年国内多元智能理论研究述评 [J]. 常州大学学报，2012，13（3）：82 - 85.
② 姚伟，华道金. 多元智能理论的评价观及其对我国幼儿发展评价的启示 [J]. 外国教育研究，2004，31（9）：40 - 43.

内容的多元化提供了理论基础。它启示我们应该形成新的人才观与智能观，评价人才的智能应该从多方面入手，同时应该以促进人才智能组合的整体提高为目的，使人才解决问题的能力得到充分发展。基于多元智能理论，对创新型科技人才进行评价时，应该以创新为评价的出发点，以引导和激励人才为本质，进一步细化评价指标，从而建立起多元化的评价标准，使评价结果最优化。

二、个体创新行为理论

创新过程是创新能力的一种表现方式，而创新主体则是创新过程的主要参与者和执行者，创新主体涉及个体、团队和组织三个层面。

坎特（Kanter，1988）最早提出，个体的创新过程开始于新思想和新问题的产生，并认为个体创新包括三个阶段：第一阶段是对问题的认知阶段，即由个体提出新思想或产生新问题；第二阶段是寻求资金资助或其他支持阶段，即个体为了实现其新思想或解决新问题而寻求外部支持；第三阶段是实现新思想，解决新问题阶段[1]。斯科特和布鲁斯（Scott & Bruce，1994）也将个体创新行为描述为与上述类似的三个阶段，并根据这三个阶段创立了"个人创新行为量表"，包括提出新方法、产生创新性思想或寻找新技术、新程序、新工艺等六个题目[2]。周和乔治（Zhou & George，2001）在此基础之上又开发了"个人创新量表"[3]。克莱森和斯特里茨（Kleysen & Street，2001）认为个体创新行为由产生新思想、衡量新思想、寻求实现、技术实施和产品

---

① Kanter R M. When a thousand flowers bloom: Structural, collective, and social conditions for innovatition in organization [R]. Staw B M, Cummings L. Research in Organizational Behavior, 1988.

② Scott S G, Bruce R A. Determinants of innovative behavior: A path model of individual innovation in the workplace [J]. Academy of Management Journal, 1994, 37 (3): 1442 – 1465.

③ Zhou J, George J M. When job dissatisfactionleads to creativity: Encouraging the expression of voice [J]. Academy of Management Journal, 2001, 44 (4): 682 – 696.

应用等五个方面构成①。

安德森和尼尔斯塔德（Anderson & Nilstad，2004）在总结 1969～2002 年不同层次主体的创新行为的基础上，对主体参与不同层面的创新行为特征进行了调查和研究，发现个体层面的创新特征包括个体性格、认知能力、情绪特征、创新动机和工作行为特征等五个方面，同时，在研究过程中发现个体层面的创新行为会对组织层面的创新行为产生影响②。安德森和尼尔斯塔德（Anderson & Nilstad，2004）的研究初步确立了个体的创新行为可以影响和带动团队和组织的创新行为，即个体、团队和组织三个层面的创新行为存在一定的相互影响作用。古玛和悉达多（Kumar & Siddharthan，2002）的研究进一步论证了安德森和尼尔斯塔德（Anderson & Nilstad，2004）的结论③。

因此，个体的创新行为主要表现为：首先，是新思想的提出或新问题的产生；其次，是为了实现新思想或解决新问题，个体努力推广并执行新方案和寻求资金资助或其他支持；最后，是个体有效地执行方案，从而实现新思想或解决新问题。而当个体参与组织活动时，创新行为主要是由个体产生，进而影响和带动团队和组织的创新行为④。

三、创新力人才特质理论

创新力人才特质理论主要研究人才应该具有怎样的个性特征。人格特质是指个人在某方面稳定的心理和行为特征，而创新力人格特质的研究，

① Kleysen R F, Street C T. Toward a multi-dimensional measure of individual innovative behavior [J]. Journal of Intellectual Capital, 2001, 2 (3): 284 – 296.

② Anderson D D, Nilstad. The reutilization of innovation research: A constructively critical review of the state-of-the-science [J]. Journal of Organizational Behavior, 2004, 25 (2): 147 – 173.

③ Kumar N, Siddharthan N S. Innovative capability and performance of chinese firm [J]. Journal of Development Studies, 2002, 25 (2): 23 – 24.

④ 赵伟，林芬芬，彭洁，等. 创新型科技人才评价理论模型的构建 [J]. 科技管理研究，2012，32 (24): 131 – 135.

旨在从人格的角度探讨个人创新力形成和发展的规律，包括以下研究范畴：一是人格是如何影响个体创新行为的；二是哪些人格特质影响个体创新力；三是如何测量创新力人格；四是能否通过人格的测量来预测创新的绩效等①。

将创新力看作是个体所固有的和不易改变的一种特质，是创新力人格特质研究者的普遍观点，其后，他们又在人格心理学研究的基础上，归纳出一系列与创新直接相关的人格特质。杜里特和克顿（Tullett & Kirton，1995）研究发现，创新力人格与个体创新力具有正向而显著的关系，在创新者的视野中，没有规则与现况的羁绊，能够提出突破性洞见，并且借由自己的观察发现问题或解决问题②；管理学大师德鲁克（Drucker，1987）指出，创新人才的特性是具有筹划系统的能力，能够把不相关、各自独立的要素，组成一个整合系统③。

翟青（2007）认为求知性、冒险性和独创性是影响创新力人格特质的三个重要维度，其中：求知性的内涵即为对事物具有强烈的好奇心，有广泛的兴趣，被事物的复杂性所吸引，易于接受新的事物，以拥有广博的知识为乐等；冒险性的内涵为愿意承担合理的风险，有勇气探索新想法和尝试新事物，不断寻求挑战，接受不稳定的环境等；独创性的内涵则为拥有原创的意愿和能力，自信并独立思考和判断，不受成规所束缚等④。

四、胜任力模型理论

胜任力模型是指个体能有效完成某一特定任务所应具备的知识、能力和

①④ 翟青. 创新力人格特质及其测量方法研究 [J]. 商业时代，2007（20）：111 – 112.

② Tullett A D，Kirton M J. Further evidence for the independence of Adaptive-Innovative（A-I）cognitive style from national culture [J]. Personality & Individual Differences，1995，19（3）：393 – 396.

③ Drucker P F. Social innovation—Management's new dimension [J]. Long Range Planning，1987，20（6）：29 – 34.

个性特征的独特组合，是胜任力的结构形式。国内外学者基于不同角度、采用不同方法研究、构建了不同类型的胜任力模型。国外学者中，刘易斯（Lewis，2002）基于360度访谈和关键行为事件访谈，构建了酒店经理胜任力模型①；比诺和塔布斯（Bueno & Tubbs，2004）构建了包含沟通技巧、学习动力、灵活性、开放性、尊重他人和敏感性六大因素的管理者全球领导力胜任力模型②。国内学者中，时勘等（2002）以通信业高层管理者为对象进行实证研究，运用行为事件访谈法构建了企业高层管理者胜任力模型③；魏钧和张德（2005）利用关键行为事件法、团体焦点访谈法以及胜任力评价法探讨了我国商业银行客户经理胜任力模型④；刘学方等（2006）通过访谈和问卷调查建立了我国家族企业接班人胜任力模型⑤；王黎萤等（2008）基于创新型工程科技人才的内涵构建了创新型工程科技人才胜任力模型⑥；周霞等（2012）运用开放式问卷调查、关键事件访谈等方法构建了创新人才胜任力结构模型⑦；黄小平（2017）构建了高校创新型科技人才的五因子素质结构模型⑧；孙丽男等（2017）构建了创新型科技人才的四因子素质结构模型⑨；王养成和赵飞娟（2010）构建了基于3Q的四维度创新型科技人才素质

① Lewis M. Identifying a competence model for hotel managers [M]. Boston University，2002.
② Bueno C M，Tubbs S L. Identifying global leadership competence：An exploratory study [J]. Journal of American Academy of Business，2004，14（5）：80 – 87.
③ 时勘，王继承，李超平. 企业高层管理者胜任特征评价的研究 [J]. 心理学报，2002，34（3）：306 – 311.
④ 魏钧，张德. 国内商业银行客户经理胜任力模型研究 [J]. 南开管理评论，2005，8（6）：4 – 8.
⑤ 刘学方，王重鸣，唐宁玉，等. 家族企业接班人胜任力建模——一个实证研究 [J]. 管理世界，2006（5）：96 – 106.
⑥ 王黎萤，陈劲，阮爱君. 创新型工程科技人才的胜任力结构及培养 [J]. 高等工程教育研究，2008（S2）：21 – 25.
⑦ 周霞，景保峰，欧凌峰. 创新人才胜任力模型实证研究 [J]. 管理学报，2012，9（7）：1065 – 1070.
⑧ 黄小平. 五因子素质结构模型构建及其对我国高校创新型科技人才培养的启示 [J]. 复旦教育论坛，2017，15（2）：54 – 60.
⑨ 孙丽男，唐擘，李珊. 基于素质模型的创新型科技人才培养的探讨 [J]. 黑龙江教育学院学报，2017，36（3）：10 – 12.

模型①；等等。目前，胜任力模型理论已成为学术界探索和判断导致科技人才创新能力差异的关键驱动因素。

五、成就动机理论

成就动机是个体在社会化进程中逐渐形成的适应社会生活的重要素质，是激励自我成就感和上进心的心理机制，也是现代人最主要的欲望。就社会价值而言，人们的成就动机水平与财富的积累、经济的增长、技术的进步一同被视为社会繁荣进步的几个重要指标之一；就个体而言，成就动机像智力一样，作为一种工具，是决定个体事业成功与否的关键因素，能够增加人们一生中在任何领域取得成功的机会②。在不同的文化形态、时空条件与社会背景下，个体的成就动机具有明显的个体差异，会表现出不同的具体特征。

成就动机理论可分为自我效能理论、自主性动机理论、归因理论和"期待－价值"理论等四种具体的理论。

一是关于自我效能理论。自我效能感是指个体对自己在特定的情境中是否有能力得到满意结果的预期，也就是指人们对自己实现特定领域行为目标所需能力的信心或信念。个体对效能预期越高，就越倾向做出更大努力。美国心理学家班杜拉（Bandura，1982）认为，人们必须具备有效运用其力量的自我保证，才能实施自己的行为，而自我效能就能起这样的作用。直接的成败经验、替代性经验、言语劝说和情绪的唤起是影响自我效能感形成的四个主要因素③。

二是关于自主性动机理论。自主性动机理论认为，真正影响个体行为的

---

① 王养成，赵飞娟. 基于3Q的四维度创新型科技人才素质模型［J］. 科技进步与对策，2010，27（18）：149－153.
② 张兆本，胡月星. 现代人资源开发［M］. 银川：宁夏人民出版社，2006.
③ Bandura A. Self-efficacy：Mechanism in human agency［J］. American Psychology，1982，37（2）：26.

自我调节和激发的因素是个体对行为的控制性意识或自主性意识。所谓控制性意识是指行为者在某种压力下趋于特定行为，而自主性意识是指行为者的意愿由其自己抉择和承担责任。依据自主性动机理论，人们越是将行为知觉为自主的，就越能全身心投入并负起责任[①]。

三是关于归因理论。归因理论是探讨人们行为的原因与分析因果关系的各种理论和方法的总称。它试图根据不同的归因过程及其作用，阐明归因的各种原理。美国心理学家维纳（Weiner，1974）对个体行为结果的归因进行了系统的分析和研究，并最终将归因分为三个维度：可控制归因和不可控制归因、稳定性归因和非稳定性归因、内部归因和外部归因。其中，内部归因，也称之为内归因，指存在于个体内部的原因，主要指个人特征，包括人格、动机、品质、态度、心境、情绪以及努力程度等；外部归因，也称之为外归因或情境归因，是指行为或事件发生的外部条件，包括工作任务难度、背景、机遇、人际关系以及周围环境影响等[②]。

四是关于"期待 - 价值"理论。"期待 - 价值"理论认为，个人在竞争时会产生两种心理倾向——追求成功的倾向和逃避失败的倾向。阿特金森（Atkinson，1963）认为个体的行为倾向是动机强度、对行为目标的主观期待概率以及诱因价值三因素的积函数[③]。因此，追求成功的趋力由追求成功的动机强度、对成功概率的主观估计（受到自身经验、对他人经历的观察及竞争等的影响）、成功的诱因价值三个因素决定；而逃避失败的趋力由回避失败动机强度、对失败概率的主观估计（受过去相似任务的经验、对他人做同类工作的了解及对竞争估计的影响）、失败的诱因价值三个因素决定。个人

---

① 张林，黎兵，刘永兴. 关于成就动机的研究综述 [J]. 内蒙古民族大学学报（社会科学版），2003，29（3）：77 - 81.

② Weiner B. An attributional interpretation of expectancy-value theory [J]. Cognitive Views of Human Motivation，1974.

③ Atkinson J W, O'Connor P J. Effects of ability grouping in schools related to individual differences in achievement-related motivation：Final report [J]. Ability Grouping，1963：179.

取得成就的行为倾向是追求成功的趋力和逃避失败的趋力的合力①。

六、知识价值测度理论

知识价值测度就是对知识价值（知识的科学价值、知识的社会价值和知识的经济价值）进行数量上的估计和测算。由于研究角度的不同，关于知识价值的测度目前学界还有不同的认识和观点，但具体体现在两个方向：一是对知识创造过程中耗费的智力劳动量的计量，即知识劳动价值的测度；二是对知识对个人、组织和社会效益的贡献大小的计量，即知识的个人使用价值、组织使用价值和社会使用价值的测度②。在具体测度方法上，范领进（2004）认为，知识价值测度应以知识的载体作为测度的分类标准，并认为知识存在的载体可以划分为两类，一类隐含在智力劳动者的头脑中，另一类蕴含在劳动产品中③；郭瑛（2009）运用层次分析法和模糊综合评价法构建了企业研发人员知识价值评价指标体系，实现了对企业研发人员知识价值的评价④；徐扬等（2015）主张在对知识价值建模的基础上，实现知识价值的度量⑤。基于前述分析，本章认为应从隐性知识价值、显性知识价值和流通知识价值三个层面对创新型科技人才的知识价值进行测度。

① 程萍，刘涛. 卢曼理论视角下我国科技人才评价指标体系解析［M］. 北京：国家行政学院出版社，2011.

② 陈搏，王苏生. 知识价值转换与知识价值测度［J］. 工业技术经济，2007，26（11）：90－93.

③ 范领进. 知识价值理论研究［D］. 长春：吉林大学，2004.

④ 郭瑛. 企业研发人员知识价值评价研究［D］. 南京：南京航空航天大学，2009.

⑤ 徐扬，徐晶，黄文彬. 知识价值导向下的知识共享与创新［J］. 科技管理研究，2015（17）：146－150.

第三章

创新型科技人才评价的国内
问题分析与国外经验借鉴

第一节　我国创新型科技人才评价
系统存在的主要问题[①]

　　一般认为，科学的评价系统是建立在明确的评价指标、客观的评价标准、有效的评价方法、规范的评价程序等环节基础之上的，能够切实发挥评价的"指挥棒"和"风向标"作用。然而，现有的科技人才评价系统存在人才分类不清、评价主体不明、评价标准单一、评价方法趋同、评

---

　　① 杨月坤. 创新型科技人才多元评价系统的构建与实施［J］. 经济论坛，2018（11）：90－95.

价程序不公等问题，严重束缚或阻碍了科技人才的成长发展和作用发挥。

一、人才分类不清晰，缺乏统一性

完善人才的职业分类和职业标准是科技人才评价系统建立的基础和重要切入点，可以提高人才评价的针对性和有效性。然而，现有的科技人才评价系统对评价的客体（人才）要么不作分类，混为一体，要么随意分类，缺乏统一性。这种分类上的随意性主要表现在：

（1）对一般人才的分类，主要有两种：第一，根据成才主体的社会分工（创新实践的领域）进行横向分类。按教育类别分为人文科学、社会科学、工程与技术科学、农业科学、医药科学、自然科学和其他科学共 7 种类别人才；按产业和行业类别分为三次产业 16 个行业人才；按依托环境类别分为体制内和体制外人才；按知识和技术应用类别分为科研领域人才和工程技术领域人才。第二，根据成才主体创新实践的能级（难度、复杂度）和内在素质进行纵向分类。按贡献大小和才能高低分为一般人才、拔尖人才、领军人才和杰出人才；按人才成长过程分为准人才、潜在人才和显在人才；按年龄分为青年人才（35 周岁及以下）、中年人才（36～60 周岁）和老年人才（61 周岁以上）[①]。

（2）对科技人才的分类，主要有八种。第一，基于社会专业分工，将科技人才分为社会科学人才、自然科学人才；第二，基于岗位特点及职业属性，将科技人才分为应用型人才、科研型人才；第三，基于产业链理论，将科技人才分为科研管理人才、基础研究人才、产业化人才、产业支撑人才[②]；第四，基于创新链理论，将科技人才分为基础研究人才、技术研发人才、工程

---

① 叶忠海. 人才学基本原理研究 [M]. 北京：高等教育出版社，2009.
② 冯雪，刘倩，李晓妍. 河北省科技人才分类评价 [J]. 合作经济与科技，2017（4）：149 – 150.

开发人才、产业化支撑人才①；第五，基于知识结构差异，将科技人才分为专业型科技人才、复合型科技人才；第六，基于主要从事的活动，将科技人才分为科技研究人才、技术研发人才、工程开发人才、产业化支撑人才、科技公共服务人才②；第七，基于参与程度，将科技人才分为核心人才、延伸人才、潜在人才③；第八，基于国家创新体系建设，党的十九大报告将科技人才分为战略科技人才、科技领军人才、青年科技人才。

对创新型科技人才的分类，国内学者也有不同的观点，具体分类见表3-1。

表3-1 国内关于创新型科技人才的分类

序号	学者	分类
1	王立朴（2017）	基础理论研究人才、应用研究人才、技术研发人才
2	萧鸣政（2016）	基础研究人才、应用研究和技术开发人才、哲学社会科学人才
3	汪怿（2016）	基础和前沿技术研究人才、应用研究人才、成果转化人才
4	时玉宝（2014）	原始创新型人才、集成创新型人才、引进消化吸收再创新型人才
5	王贝贝（2013）	基础研究人才、应用研究人才、技术开发人才
6	彭云（2013）	团队领导型人才、弥补型人才、知识创新型人才
7	赵伟（2012）	基础研究类人才、工程技术类人才、创新创业类人才
8	张玉岩（2009）	原始创新型人才、集成创新型人才、消化吸收再创新型人才
9	范伯元（2006）	研究型人才、综合型人才、应用型人才
10	李惠斌（2000）	知识创新人才、技术创新人才、制度创新人才、对策创新人才、价值创新人才

---

① 肖俊夫，林勇. 经济转型发展中科技人才分型与协同作用机制研究［J］. 科技进步与对策，2015，32（8）：139-144.

② 高超，杨帆，李昱婷，等. 一种科技人才职称分类评价方法［P］. 中国，CN201410552162.6，2015-01-07.

③ 李思宏，罗瑾琏，张波. 科技人才评价维度与方法进展［J］. 科学管理研究，2007，25（2）：76-79.

二、评价标准"一刀切"，缺乏操作性

人才评价标准是人才评价系统的核心。事实已表明，科学、客观、公正的人才评价标准是"任人唯贤""知人善任"的基础和前提。科学的人才评价标准和指标应根据人才的职业类别、层次和评价目的进行设计，然而，现行的科技人才评价标准政出多门、要求各异。评价标准的人为性、随意性既不利于体现公正与公平，也容易使评价和实际"两张皮"，导致"评出的用不上、用上的评不出"，严重影响了评价结果。主要表现在：首先，评价标准的片面性与局限性。人才评价标准"一刀切""一把尺子量到底"，呈现"六重六轻"（重数量轻质量、重显能轻潜能、重短期轻长远、重学历轻能力、重资历轻业绩、重头衔轻贡献），且普遍忽视对职业道德的评价，存在"四唯"（唯资历、唯学历、唯身份、唯论文）倾向。其次，评价标准的模糊性与主观性。评价指标的提出多是通过文献调研而来，没有经过反复验证提取，缺乏客观性和操作性，且评价指标不够具体明确，呈现"三多三少"（定性指标多，定量指标少；外显指标多，内隐指标少；静态指标多，动态指标少），导致其评价结果也呈现"三多三少"（主观评价多，客观评价少；表面性评价多，深层次评价少；静态评价多，动态评价少）。在实际评价过程中，评价主体的自由裁量空间较大、受个人主观因素的影响较重，容易以学历水平代替实际水平，以资历经历代替科研能力，以数字分数代替工作成绩，影响了评价的公正性和真实性。

三、评价主体不明确，缺乏责任性

人才评价主体是人才评价系统有效运行的关键。在一个科学的人才评价系统中，政府应是人才评价的引导者，市场应是人才评价的"试金石"，用

人单位才是人才评价的主体，而现实中，政府在人才评价中施加了过多"家长式"的行政干预，市场（专业组织或评价机构）的独立性难以发挥，用人单位作为人才的实际使用者和直接受益者的主体地位有所欠缺。主要表现在：第一，人才评价主体缺乏多样性与多元化。政府、市场（专业组织或评价机构）、用人单位等多元评价主体的作用没有被充分发挥，用人单位、社会组织和市场认可的多元评价机制没能形成。相关调查显示，由上级主管部门或上级组织人事部门作为评价主体的占受访者的 73%，而只有不足 11% 的受访者单位会聘请其他部门、同行专家或中介机构作为评价主体①。第二，人才评价主体缺乏责任性与主动性。人才评价主体职责不清，任务不明，且普遍缺乏专业素质，能力有限。缺乏评价主体的责任与约束机制，"评人的不用人，用人的不评人""杂家评专家，外行评内行"现象严重。第三，人才评价市场化不足、社会化程度低。目前，对企业科技人才的评价主要是由政府主管部门（或政府授权的评价机构）以及企业职能部门直接进行，引入社会和市场上的专业评价机构参与不够，市场化程度低，市场化的评价机制没有形成。第四，人才评价主体和客体过分受制于环境因素（如风俗习惯、文化水平、感情因素等），特殊的民族文化背景往往导致评价结果有失公正。其实，在中国这样一个重视人情文化的国家，人才评价绝对不受环境影响是不可能的，只是不能过分受制于环境，否则会放大人才评价的风险，使评价结果与实际情况相脱离。第五，评价机构的独立性较差。评价机构一般直接受制于政府部门，或与政府部门之间存在千丝万缕的联系，使得评价机构在运作过程中难以摆脱各种因素的干扰。由于独立性不强且缺乏竞争机制和淘汰机制，评价机构的服务意识、服务质量和自律性都较差，其权威性和公信度也受到了严重影响。

---

① 萧鸣政. 当前人才评价实践中亟待解决的几个问题 [J]. 行政论坛，2012，19（2）：1-5.

四、评价方法不科学，缺乏针对性

科学的人才评价系统离不开科学的评价方法，然而，现实中的人才评价方法虽然种类看似繁多，如同行评议法、人才测评法、层次分析法、科学计量法、神经网络法、模糊综合评价法、结构方程模型等，但缺乏针对性。主要表现在：

第一，人才评价方法缺乏个性化。没有针对不同的人才类别和岗位类型进行设计，也没有建立一套较为全面系统的方法对其进行评价，或者即使针对不同类别人才提出了相应的评价方法，也缺乏相应的可操作性。评价系统的各项指标赋权方法不够完善，在采用相关统计方法进行定量分析的过程中，由于某些因素属于定性的主观因素客观上很难定量化，因而并不能得到很好的反映[①]。

第二，人才评价技术过于简单化。由于我国人才评价起步较晚，且对人才评价技术的研发重视不够，主要学习和借鉴国外的评价技术，因此，符合我国国情的人才评价工具相对缺乏，也缺乏相关的评价数据方面的积累，评价指标的设置、评价标准的确定、指标权重的设定、评价周期的确立等随意性很大，致使评价效度和信度偏低，评价结果失真严重，与客观事实相差甚远。

第三，人才评价过程人为复杂化。有些评价主体错误地认为人才评价越复杂越显得科学、越神秘越显得有效，于是在具体评价过程中处处加权、层层加权，分解过细，等级过多，过程烦琐，成本过高，导致人才评价远离科学性。不尊重科学研究和技术创新内在规律为评价而评价、多头评价、重复评价、过度评价、无效评价等造成人们对人才评价不满或反感。

---

① 吴欣. 高层次创新型科技人才评价指标体系研究 [J]. 信息资源管理学报，2014（3）：107－113.

五、评价程序不规范，缺乏公正性

程序规范是人才评价系统有效运行的保证。程序公正性理论认为，人们会依据决策结果所产生的程序对决策结果做出反应，并且在本质上人们认为公正的程序是首要的①。全社会功能分化理论也认为，在功能分化的法治国家，一个系统本身的"合法化"必须通过一定的程序来完成。无论评价结果如何"正确"，如果没有程序正义，也不具有合法的地位，不能够得到公认。也就是说，如果程序"不合法"就谈不上结果的"合法化"，因为它很可能是"人为"的结果②。因此，在科技人才评价过程中，只有认真履行组织化的"程序"过程，聘请专业性的评价组织或机构，严格遵循程序正义的基本原则，规范、透明、公正地实施评价，才有可能真正让评价结果具有合法性和公信力。而现实的科技人才评价中，在评价程序上还是存在这样那样的问题，主要表现在：

（1）评价过程缺乏有效的监督机制。第一，内部监督缺乏力度。由于人才评价标准的模糊性与主观性，科学共同体内部成员之间出于共同利益和人际关系的考量使得内部监督失去应有的作用。第二，外部监督形同虚设。近年来，随着监督体制的不断完善，政府部门或政府科研管理部门都相继设立了专门的监督管理机构，但由于各种主客观的原因并没有对人才评价的客观公正性实行真正有效的监督，而且社会监督渠道不畅，社会公众、媒体等社会力量的监督作用未得到有效发挥。

（2）人才评价缺乏良性的转换机制。第一，人才的评价价值、市场价值、实际价值与薪酬待遇"四张皮"共存，多头管理多头评价共生，相互之间既缺乏沟通机制更缺乏相应的转换机制，人才价值难以实现。第二，人才

① 米家载. 组织公正性理论研究述评 [J]. 商业研究，2004 (6)：86 - 90.

② Luhmann N. Die gesellschaft der gesellschaft [M]. Frankfurt：Suhrkamp Verlag, 1998.

评价与招聘录用、培训开发、岗位管理、薪酬激励相互脱节，评价结果应用不足。

（3）评价结果缺乏公正性。一是薄弱的法规政策导致评价程序缺乏规范；二是人才评价中非学术因素（如主观因素、行政因素、经济因素、环境因素等）的介入导致评价结果失真。

第二节　国外科技人才评价经验借鉴

近年来，国家出台的一系列文件、政策都明确提出，要改进科技人才评价激励机制，发挥科技人才评价的"指挥棒"和"风向标"作用。然而，文献研究发现，我国现有的科技人才评价虽然取得了不少成果，但仍存在诸多不足：一是评价理念存在偏差。我国学术界或理论界虽然普遍认同未来评价的主要趋势是发展性评价，但对发展性评价理念的具体内涵阐释不足，导致现实中强制性评价或奖惩性评价仍占主导地位[①]；二是评价方法不够科学。长期以来，我国在科技人才评价中主要采用以 SCI 论文或专利为代表以及以"四唯"（唯论文、唯职称、唯学历、唯奖项）为导向的定量评价，相对忽视同行的定性评价[②]；三是制度设计存在缺陷。经过多年的努力，我国的科技人才评价制度设计虽然进步明显，但仍存在人才分类不清、评价主体不明、评价标准单一、评价方法趋同、评价程序不公等问题[③]。西方经济发达国家历来重视科技人才评价工作，不断探索科技人才评价的理念、方法和制度，形成了相对完善的科技人才评价机制，梳理和总结英国、美国、德

---

① 董超，李正风．科技人才评价中的发展性理念——剑桥大学的案例及启示［J］．科研管理，2013，34（S1）：25-30．

② 于珈，王兰英，李兵，等．浅析美国科技人才评价的做法与启示［J］．中国科技资源导刊，2015，47（2）：68-72，80．

③ 杨月坤．创新型科技人才多元评价系统的构建与实施［J］．经济论坛，2018（11）：90-95．

国的科技人才评价经验和启示，有利于为我国科技人才评价的组织实施提供借鉴①。

一、国外科技人才评价经验

科技人才是科技发展的重要基础，是科技创新的第一要素，而科技人才评价是甄别、配置和激励科技人才的重要前提。英国、美国、德国等发达国家不仅在培养和吸引科技人才，加快科技创新步伐方面取得重大成就，而且在科技人才评价方面也积累了丰富经验。

（一）英国的"发展性评价理念"与剑桥大学的"员工评议与发展计划"

所谓"发展性评价理念"，是指评价者和评价对象通过双向的、积极的、建设性的评议，既兼顾组织目标，又促进评价对象不断发展，最终实现双方共同目标的过程。其内涵主要包括六个方面：第一，发展性评价是一种积极的、建设性的双向评价方式。第二，发展性评价是一个交互建构的过程，评价全过程都充分强调组织目标和个人发展的同等重要性。第三，发展性评价聚焦于评价对象的发展潜力和创新能力的动态演进，努力促使其明确未来的具体目标和行动计划。第四，发展性评价重视评价的过程，着眼于平衡个人抱负、发展诉求和组织目标之间的关系。第五，发展性评价关注评价对象个体的差异，积极探讨评价对象当前角色和未来职业发展所需的学习和训练机会。第六，发展性评价注重评价的诊断功能，致力于识别那些阻碍效率的问题和障碍。

---

① 刘小婧，李文梅. 国外科技人才评价机制研究［J］. 经营管理者，2016（4）：127－128.

文献研究表明,世界主流的发展性评价理念来源于英国①。而在英国主流的发展性评价理念中,剑桥大学的"员工评议与发展计划"体系完善、特色鲜明,极具典型性②。"员工评议与发展计划"的优点在于将"提高工作效率,促进职业发展"这一发展性评价理念贯穿于员工评价过程的始终,即通过定期的、积极的、建设性的双向评议,不断激发员工的工作激情,释放员工的工作活力,促进员工职业发展并共同实现组织目标。具体经验是:第一,聚焦共同发展。通过兼顾员工职业发展和组织目标实现的"双目标",既调动了评价各方参与的主动性和积极性,也确保了评价实施的常态化和可持续。第二,增强双方互信。通过"以发展为中心"的充分讨论和双向评议,既增进了互信,充分展现了评价双方的相互尊重与信任,也形成了共识,确保了双方沟通的真实性和有效性。第三,提供坚实保障。通过建立细致、周到的组织保障和发展保障等人性化保障体系,促进员工职业发展。

(二) 美国的"同行评议"与高校终身教授评价

所谓"同行评议",是指由同一学科领域的专家和学者组成的"共同体"采用一定的标准和程序,对涉及相关领域的某一事物及相关要素进行评估、评价和判断的方法③。由于同行评议是一种定性化的评价方式,因此,在评议过程中,评议专家个人的文化信仰、学术水平、经验阅历、心理情境、道德素养等个性因素会对评议产生一定的干扰,但是在"共同体"共同范式的影响下,多个专家的"群体效应""互动协商"能够减少"非共识"出现的可能性,最终实现个人准则与共同准则、局部思维与整体思维、主观因素与

---

① Leonard S N, Fitzgerald R N, Riodan G. Using developmental evaluation as a design thinking tool for curriculum innovation in professional higher education [J]. Higher Education Research & Development, 2016, 35 (2): 309 – 321.

② Pretoria U O. Staff development policy: University of Cambridge [J]. University of Pretoria, 2015, 32 (4): 25 – 29.

③ 邓荔萍. 基于 REF 的科学评价方法研究 [D]. 天津:天津师范大学, 2012.

客观因素的有效统一，从而在整体上保证评议的科学性和客观性。根据评价者与评价对象之间的了解程度，同行评议的具体操作形式大致可分为单向隐匿（单隐）、双向隐匿（双隐）和公开评议三种①。

20 世纪 30 年代，美国率先将"同行评议"这一方法引入到科研项目经费的申请评估工作中，并取得了较好的效果，后推广运用到其他领域，成为国际学术界通用的评估评审手段。美国大部分高校都实行终身教授制，对高校教师是否可以进入终身教职序列，同行评议发挥了重要作用。具体经验是：美国高校的"同行评议"一般采取外部评议与内部评议相结合的综合评价方式，其中，外部评议一般通过信函的方式将评价对象的资料发送给校外同行专家进行评价，主要采用函评、会评、函评加会评三种方式②；内部评议一般由本系终身教授或本系同行教授组成的专门评审委员会进行评价，主要采用同行表格评议、书面问题评议、同行匿名评议三种方式③。

（三）德国的"科技人才评价制度"与大学教师聘任制度

所谓"评价制度"，是指在评价过程中大家应该共同遵守的评价规则或行动准则。德国的科技人才评价制度呈现六个方面的特点：第一，体现科学系统的自我形塑。科技人才评价是科学系统内部的观察和检验，是科学系统通过对科技人才学术行为与学术成果的全面观察，最终实现科学系统对自身的反射性观察（自我认知）与反思性评估（自我反省）的过程。第二，建立多元化的指标体系。通过实行内部制度化的评价机制，建立多元化的指标体系，科学系统能够对其自身的效率和绩效进行检验和评估，并不断推进科学

---

① Alabi J, Weare W H. Peer review of teaching: Best practices for a non-programmatic approach [J]. Communications in Information Literacy, 2015, 8 (2): 180.

② White K, Boehm E, Chester A. Predicting academics' willingness to participate in peer review of teaching: A quantitative investigation [J]. Higher Education Research & Development, 2014, 33 (2): 372 – 385.

③ Salih A R A. Peer evaluation of teaching or "fear" evaluation: In search of compatibility [J]. Higher Education Studies, 2013, 13 (2): 32 – 38.

系统内部的改革和创新。第三，确立科学合理的评价标准。评价标准作为评价制度构建的重要组成部分和衡量、判断评价要求的重要参照与尺度，必须严格遵循科学系统内部的学术规范和学术标准，避免任何非学术因素的干扰。第四，采取同行评议的评价方法。科学系统内部学科和学术研究方向高度分化和错综复杂的特点要求科学系统内部的评价方式只能采取同行评议的评价方式①。第五，采用制度化的组织机构。用组织机构替代人为的主观和任意、用制度理性取代人际关系是科技人才评价的必然选择，而且扁平化的评价管理模式可以有效消除固有的评价弊端，增加评价的透明度。第六，遵循程序正义的基本原则。程序正义是结果合法化的前提。科技人才评价只有遵循程序正义、公开透明的原则，并严格遵守相应的程序制度，才能保证评价结果的合法性和公信力②。

德国的科技人才评价制度在其大学教师聘任中得到具体体现③。具体经验是：第一，评价主体的自主性。在德国，大学享有较高的学术自由和自治权。大学围绕自己的定位和目标，确立科学合理的评价标准，遵循公开透明的评价程序，选择客观灵活的评价方法，自主独立地评聘各类人才。评价一般以同行评价为基础，注重外部评价与内部评价相结合，强调对评估专家的多元化选择和专业化匹配，突出评价的学术导向与实际应用价值。第二，评价程序的公开性。程序公开是德国科技人才评价的一个显著特点，它保证了广泛的社会监督和程序的合法性。大学一旦决定公开选聘教授，便会在全国专业报刊上刊登广告或相关招聘信息，并向有关专业学会及其他兄弟院校发出选聘信息，基于学术视角在世界范围内选贤，基于学科视角在全球范围内

---

① Waaijer C J F. The coming of age of the academic career: Differentiation and professionalization of German academic positions from the 19th century to the present [J]. Minerva, 2015, 53 (1): 43 – 67.

② 程萍，刘涛. 卢曼理论视角下我国科技人才评价指标体系解析 [M]. 北京：国家行政学院出版社，2011：158 – 160.

③ Tsvetkova N. Making a new and pliable professor: American and Soviet transformations in German universities, 1945 – 1990 [J]. Minerva, 2014, 52 (2): 161 – 185.

任能，实现广泛遴选和透明操作。第三，评价条件的明确性。科学合理的评价条件是制度构建的重要组成部分。德国大学对教师的选聘有着明确的评聘条件和严格的考核制度，并通过相应的程序实现评价，有比较完整、严格的评价监督机制，并体现在整个评价过程中，以确保选聘教师的"名副其实"。第四，成果统计的规范性。德国许多大学都建有一套行之有效的教师教学与科研成果统计数据库，它不需要院系或教师个人填报和认定，由专业的管理机构依靠现代信息技术进行维护和管理，具有系统化、规范化、制度化和专业化等特点。

二、国外科技人才评价经验对我国的启示

科学合理地评价科技人才，既有利于增强经济社会发展活力，又有利于激发科技人才创新意愿，对于实现科技人才发展与经济社会发展的深度融合，促进国家创新体系建设起着重要作用。他山之石可以攻玉，英国、美国和德国的科技人才评价经验带给我们深刻的启示。

（一）树立发展性评价理念

激发科技人才创新活力、促进科技人才健康成长、推动科技创新持续发展是科技人才评价的根本目的。发展性评价正是一种以激发评价对象活力、促进评价对象成长、推动组织目标实现为根本目的，重视评价对象自觉性评价、主体性评价的评价方式，其本质是激发评价对象的创新热情，调动评价对象的积极性、主动性和创造性，促进个人职业发展和组织目标的共同实现。英国的发展性评价理念对我国科技人才评价的启示具体体现在三个方面：

（1）在评价定位方面。要科学设立评价目标，树立正确评价导向，增强评价主体角色定位，唤醒科技人才的评价主体意识，促使其自觉地参与评价、认同评价。

（2）在评价内容方面。要关注评价对象的岗位类别、工作特性等个体差异，实行分类评价；要注重评价的目标导向和诊断功能，确立不同的评价标准；要突出评价的多维性，发挥多元评价主体的作用；要重视评价技术的开发，倡导评价方式的多样化；要制定明确、具体的发展目标，促进评价对象全面发展。

（3）在保障体系方面。要聚焦科技人才的职位与展望，加强资源整合与开发，通过建立优质高效、多元协同的一体化服务保障体系，为科技人才未来发展提供支撑和保障。

（二）重视同行评议方法

同行评议作为美国率先提出的一种定性化的评价方式，尽管由于各种原因可能导致评议结果出现偏差，但其仍对我国的科技人才评价具有重要的启示，具体体现在四个方面：

（1）建立代表性成果评价机制。要破除过去科技人才评价的"四唯"障碍，突出标志性成果的重要性和影响力，把评价重点放在"追求精品"的实际贡献和业绩成果的质量上；强调原创性、重大突破和"业界认可"，积极推动评价标准由重"量"向重"质"转变；树立引导正确的科研价值取向，重新形塑科技人才的创新行为。

（2）注重科技人才发展潜力。我国目前的科技人才评价偏重评价科技人才静态的过往价值贡献，相对忽视评价科技人才动态的未来发展潜力，更不利于遴选和激励优秀青年科技人才；要注重发挥同行评议的独特优势，着重考察科技人才在科学前沿或成为学术带头人方面的发展潜力，甚至可以引入国际同行评价，精准匹配同行专家，突出国际性和开放性的特点，以国际科学共同体的"同行标准"来评价人才和激励人才，以引导更多原创性、国际一流成果的产生。

（3）减少人才评价中非学术因素（行政因素、经济因素、道德因素）的影响。有学者认为，真正的同行评议一定是专家评议、业内评议和第三方评议，而不是政府评议、行政评议和领导评议①。然而，我国由于体制原因，总是政府或行政管理人员在科技人才评价中起主导作用。因此，我国应积极探索建立和完善以学术同行专家为主体的同行评议制度，注重发挥各类学术学会、行业协会、产业联盟等同行专家团体的作用；加快建设一批具有行业性、权威性和独立性的中介评价机构，大力推进人才评价的社会化、市场化和国际化，通过不断完善评价机制，充分发挥社会评价、市场评价、国际同行评价等第三方评价的作用。

（4）重视同行评价与定量评价相结合。同行评议作为一种定性化的评价方式，其评价过程的客观性、操控性以及评价结果的具体性、精确性相对定量评价来讲相对较差，因此，一般情况下，定量评价确实比定性评价更具优势。当然，定量评价也存在很多问题，如定量评价只能反映科技人才过去取得的成绩，难以反映科技人才尤其是青年科技人才的内在潜质、创新能力和发展潜力等，而且客观上学术评价的复杂性使得有些内容可以定量评价，有些内容则只能定性评价。因此，只有注重同行评价与定量评价相结合，既重视发挥定量评价数据客观的优点又注重发挥同行专家的特长和优势，既体现必要的刚性又体现一定程度的弹性才是确保评价客观公正的有效途径。

（三）建立科学的评价制度

德国的科技人才评价制度对我国科技人才评价的启示具体体现在三个方面：

（1）发挥用人单位主导作用。用人单位是科技人才的实际使用者和直接受益者，因此，必须落实和保障用人单位的评价自主权。首先，坚持管人与用人相结合，人才评价与人才培养、使用、激励相衔接。要进一步强化用人

---

① 孙锐. 科技人才评价如何才能慧眼识珠［N］. 文汇报，2016－06－02（2）.

单位的评价主体地位，突出用人单位的评价主导作用，明确用人单位的评价主体责任，赋予用人单位更多的评价自主权。其次，注重评价制度设计，完善内部监督机制。要不断加强用人单位内部监督机构建设，进一步优化内部控制监督评价机制，实现对科技人才的规范化评价。

（2）建立多元化的评价体系。首先，遵循分类评价原则，完善人才分类，提高评价对象的针对性和精准性。其次，注重知识价值导向，明确评价指标，提高评价标准的目的性和针对性。再其次，发挥多元主体作用，强化多维评价，提高评价主体的参与性和积极性。最后，重视评价技术研发，改进评价方式，提高评价方法的操作性和实效性。

（3）创新科技人才评价机制。首先，建立团队人才联动考核机制。注重个体评价与团队评价相结合、过程评价与结果评价相衔接，探索建立"团队考核为主、个人考核为辅"、以团队为基础的人才评价机制。其次，建立人才称号动态评价机制。要充分利用人才评价大数据，对人才实施动态跟踪和调整，打破人才帽子静态的"标签化""终身制""永久牌"，实行优胜劣汰、能进能出的动态考核管理机制。再其次，建立长周期、国际化的评价机制。为鼓励科技人才潜心研究、自由探索、长期积累，产出具有原创性和突破性的创新成果，适当延长评价考核周期，逐步推进终身任职制度。最后，建立评价标准动态调整机制。评价标准的确立，既要坚持统一标准，又要尊重人才差异，既要考虑人才的职业类别、岗位层次和评价目的，又要关注人才个体的发展阶段和岗位要求，不搞"一刀切"，实行动态调整。

近年来，在国家大力实施创新驱动发展战略和积极推进人才强国战略的影响下，我国科技实力不断提高，科技人才的创新能力和创新动力不断增强，但是在科技人才评价方面，尤其在评价理念、评价方法、评价制度等方面还存在很多问题。科技人才评价作为"指挥棒"和"风向标"，决定着科技人才发现和培养的导向，影响着科技人才的甄别、选拔、使用和激励的效果。因此，我们应从英国、美国、德国等发达国家的科技人才评价中借鉴经验，通过深入推进人才发展体制机制改革，不断创新和改进创新型科技人才评价激励机制，切实做好创新型科技人才的选拔、任用和培育工作。

第四章

创新型科技人才多元评价系统
构建的原则、思路与设计

第一节　创新型科技人才多元评价
系统构建的原则

科技人才评价目的的多样性、动态性和科技人才从事科学研究活动的复杂性、不确定性，决定了创新型科技人才多元评价系统的多变性与复杂性。因此，创新型科技人才多元评价系统在指标体系的设计与构建过程中应遵循一些基本原则[①]。

---

① 彭张林，张爱萍，王素凤，等. 综合评价指标体系的设计原则与构建流程［J］. 科研管理，2017，38（4）：209－215.

一、目的性原则

目的性（objective）是指评价系统要能全面、准确地描述和刻画对象系统的特征，能客观、真实地反映和体现评价的目的，能详细、简洁地表述和涵盖实现评价目标的评价内容。同时，评价系统在体现评价目的的基础上应具有明确的导向性，即评价系统要能具体化地为评价主体和评价对象提供未来努力和改进的方向，改进和完善科技创新生态体系。

构建创新型科技人才多元评价系统的基本目的是更好地识别、选聘、培育和激励科技人才，坚持以用为本，调动科技人才积极性，并为创新型科技人才成长提供导向作用。因此，创新型科技人才评价，要回归科学本源，避免舍本逐末，不仅要注重以能力素质和业绩贡献为导向，杜绝以"四唯"（唯学历、唯论文、唯职称、唯奖项）评价和使用人才，更要体现以注重知识价值为导向，努力促进科技和经济相结合，加快科技人才科技成果转化，真正实现科技人才的知识价值。创新型科技人才评价系统不仅要激发创新型科技人才的创新动力，更需要兼顾激活全社会的创新创造活力，以创新动力引领社会可持续发展。

二、科学性原则[①]

科学性（scientific）是指评价系统的设计能客观真实地反映对象系统的基本要求和各指标之间的真实关系。评价系统的科学性主要体现在评价指标、评价方法、评价主体和评价程序四个方面。第一，评价指标的选择不仅要尊重科学研究的规律，具有充分的理论依据，而且要符合对象系统的工作特征，

---

① 盛楠，孟凡祥，姜滨. 创新驱动战略下科技人才评价体系建设研究［J］. 科研管理，2016，37（S1）：602－606.

体现理论与实践相结合，同时，评价指标应具有典型代表性，做到主观与客观、定性与定量相统一，形成严谨的科学体系；第二，评价方法要科学、有效，便于操作；第三，评价主体要客观、真实，富有责任心；第四，评价程序要透明、公开、规范，只有这样才能保证评价系统的科学性。科学性是评价系统设计的最重要目标，直接决定了评价结果的可靠性与可信性。

　　构建创新型科技人才多元评价系统，符合科学性原则是最基本的要求，而要使评价系统具有科学性，评价指标是否科学尤为重要。因此，评价指标的选取既要遵循创新型科技人才的科研规律和成长规律，又要符合创新型科技人才的科研工作特征；既要具有代表性、典型性，又要对各级指标准确赋权，同时，严格执行规范的评价程序，采用切实可行的评价方法，选择富有责任心和责任感的评价主体，从而实现全面、客观、准确地评价创新型科技人才的目标。

三、完备性原则

　　完备性（complete），也称完全性，是指评价系统要能较全面、系统地反映对象系统的属性，能从多个维度和多个层面综合地衡量对象系统的整体性能或评判对象系统的主要特征。各个子系统之间要具有内在的逻辑关系，共同构成一个有机统一体；指标与指标之间既相互独立，又彼此存在内在联系，形成一个不可分割的评价体系。当然，这里所谓的完备性，并不要求评价系统能百分百完整地表达出对象系统的全部性能和特征。一般情况下，评价系统只要能反映出评价对象的主要信息和主要特征即可以认为符合了完备性原则。

　　评价指标是对对象系统某些特征的描述和刻画。对于一个复杂的对象系统，完备性主要体现在构建的评价指标体系一般都具有一定的层次性和类别性。因此，在构建创新型科技人才多元评价系统过程中，可以根据对象系统特征的层次和类别科学地设计和选择评价指标，以确保评价指标体系的完整性。

四、可操作性原则

可操作性（workable），也称可行性，是指评价系统中的评价指标要具有可检验性、可描述性或可观测性，即可以按照一定的规范和程序检验或使用可描述的语言加以界定，能够通过实际观察取得测量结果、获取成本合理且容易得出明确结论。评价系统中的可操作性具体体现在以下三个方面：第一，评价指标的可衡量性，即评价系统中的任何指标（不管是定性指标还是定量指标）都要求能够被观测或可衡量。只有每一个评价指标的评价数据可被采集，或者可被赋值，这样的指标设定才有意义。第二，评价指标的真实性，即评价指标的设计要能够尽量降低或规避评价数据失真或造假的风险。评价指标数据的获取应尽量避免受主观因素的影响，尽可能地通过客观和公开的渠道获得。第三，评价指标的经济性，即要综合权衡评价指标数据的获取成本与评价活动所带来的收益。遵循的基本的原则是，评价活动所带来的收益应大于评价指标数据的获取成本。

可操作性在一定程度上决定了评价系统的使用范围和使用价值。因此，创新型科技人才多元评价系统的构建，评价指标的选取既要做到科学、完备，又要做到简单明确、易于操作。定量指标要尽可能量化，定性指标要尽可能明确、具体，避免繁复。同时，创新型科技人才评价的特殊性与复杂性，不仅对评价指标提出了可操作性的要求，还体现在评价方法的可操作性上，即强调定性评价与定量评价相结合，既注重使用定量评价方法，也注重定性评价方法的补充，努力将定性指标转化成直接可观测的行为要点，以确保评价的可行性。

五、独立性原则

独立性（independent）是指评价系统既要整体反映科技人才评价的总体要求，评价系统的每个部分或子系统又要各有侧重，既能从不同侧面反映评价系统的具体内涵和要求，又能反映各子系统之间的内在联系。因此，在选择不同类别的评价指标时应严格界定，确保每个指标内涵清晰，同时，各指标之间具有相对独立性，指标之间不存在包含关系、重叠关系和因果关系。

创新型科技人才多元评价系统是一个多层级的评价系统，应根据指标的层次性与类别性，建立自上而下的递阶层次结构，上下级指标之间保持自上而下的隶属关系，指标集与指标集之间、指标集内部各指标间保持良好的独立性，避免存在相互依赖与相互反馈。

六、显著性原则

显著性（significant）是指评价系统不求百分之百地描述和覆盖对象系统的全部特征，只要能反映对象系统的显著特征即可。体现在评价指标的选取上，并不是指标数量越多越好，而是要选取能够全面、客观地反映对象系统的关键性指标上。如果指标设置过多、过细，不仅增加数据收集的成本，也加大信息集成的难度，既影响评价效果，也容易导致数据冗余。

因此，在创新型科技人才多元评价系统的构建过程中，应重点关注那些重要的、但可能是少量的关键指标，对那些次要的、大量的非关键指标可予以剔除。关键指标的选取可参考"SMART"原则，其中：S 代表具体（specific），指评价指标应是一些特定的重要指标；M 代表可度量（measurable），指评价指标应尽可能数量化或者行为化；A 代表可实现（attainable），指评价指标在评价对象付出努力的情况下可以实现；R 代表现实性（realistic），指评价指标客观实在，可以证明和观察；T 代表有时限（timebound），指指标的完成有特定的期限①。

七、动态性原则

动态性（dynamic）是指评价系统既要保持相对的稳定性，又要兼具一定的动态性。为了确保评价的效果，评价系统在某个评价周期内应保持相对的稳定性，但随着评价目的的改变或事物发展的变化，有时也需要对评价系统进行适当的调整。根据调整目的的不同及调整力度的大小，可以把调整分为两种：第一，被动调整，指依据事物发展的具体情况及评价结果的反馈效果，动态修正和完善评价系统中的某些指标，如增加一些新的指标或剔除某些无效的指标。一般情况，被动调整的力度相对较小。第二，主动调整，指依据事物发展的具体情况及新的评价目标和评价要求，对整个评价系统进行调整或重新设计。一般情况，主动调整的力度相对较大。

实施创新驱动战略、人才强国战略、建设创新型国家等国家重大战略都强调科技人才队伍的建设要坚持需求导向和问题导向，必然要求创新型科技人才多元评价系统的构建应该随着经济社会的快速发展作出相应的动态调整，因此，创新型科技人才多元评价系统不应是一个一成不变的、僵化的系统，而应是一个动态的、极富弹性的系统，即对创新型科技人才的评价是一个动态发展的过程，在保持评价系统相对稳定的前提下，要根据国家科技创新发展、科技人才队伍建设以及人才评价目的的调整等需要，对评价系统进行适时、适度的调整。

综上所述，目的性、科学性、完备性、可操作性、独立性、显著性与动态性等七大原则分别从不同角度、不同层面较完整地反映出构建创新型科技

---

① 彼得·德鲁克. 管理的实践 [M]. 北京：机械工业出版社，2009.

人才多元评价系统需要满足的基本要求。但相比较而言，目的性原则充分体现了价值主体的偏好以及评价问题的实质，因此应将其列为创新型科技人才多元评价系统构建的第一原则。

第二节　创新型科技人才多元评价系统构建的基本思路①

针对上述创新型科技人才评价系统存在的主要问题，本章从多元智能理论、知识价值理论、胜任力模型理论和个体创新行为理论等基础出发，以注重知识价值为导向，以创新评价为出发点，以引导和激励创新型科技人才不断超越自我为本质，以评价对象多元、评价标准多元、评价主体多元、评价方式方法多元为主线，构建创新型科技人才多元评价系统的总体框架，力争实现评价对象的分类化、评价标准的明确化、评价主体的多元化、评价方法的科学化、评价方式的多样化。

一、遵循分类评价原则，完善人才分类，提高人才评价的针对性和精准性

基于个体创新行为理论，遵循人才成长和学术发展规律，强化评价客体的分类化。在传统的科技人才分类基础上，依据创新型科技人才在经济生活中所处的层次以及在科技活动分工中所处的创新环节，分析研究不同地区、不同领域、不同行业、不同层次、不同岗位创新型科技人才的职业特点和成长规律，完善创新型科技人才的分类，采取不同的评价指标和评价标准，应用不同的评价流程和评价方法分类施策，解决评价对象的分类化问题，以提

---

① 杨月坤. 创新型科技人才多元评价系统的构建与实施 [J]. 经济论坛, 2018 (11): 90 – 95.

高人才评价的针对性和精准性。

《关于深化职称制度改革的意见》（2017 年）明确提出，要"把握不同领域、不同行业、不同层次专业技术人才特点，实行分类评价。"① 《深化科技体制改革实施方案》（2015 年）也提出，要"实行科技人员分类评价。""改进人才评价方式，对从事基础和前沿技术研究、应用研究、成果转化等不同活动的人员建立分类评价制度。"② 《关于开展科技人才评价改革试点的工作方案》（2022 年）提出，要"坚持分类推进。探索科技人才在承担国家重大科技任务、基础研究、应用研究和技术开发、社会公益研究等创新活动中的评价指标和评价方式"③。因此，结合前述关于一般人才、科技人才和创新型科技人才分类的观点，本章将创新型科技人才进行分类和界定，如表 4 - 1 所示。

表 4 - 1 创新型科技人才的分类和概念界定

创新型科技人才分类		概念界定
自然科学人才	基础研究人才	指在科技活动中主要承担发现自然界物质运动规律、揭示自然现象内在联系和客观规律职能的人才
	应用研究人才	指在探索过程中将基础研究所获得理论成果应用于社会实践可能性的人才
	技术开发人才	指在运用基础研究和应用研究成果的基础上，发展新产品、新材料、新结构、新工艺、新系统等研究活动的人才
	成果转让人才	指在社会实践中应用科研成果，并通过各种有效方式将现有科研成果转化为生产力的人才
哲学社会科学人才		指在哲学学科和相关文科学科有专业知识和突出技能的人才

① 关于深化职称制度改革的意见 ［EB/OL］. http：//www. gov. cn/xinwen/2017 - 01/08/content_5157911，2017 - 01 - 08.

② 深化科技体制改革实施方案 ［EB/OL］. http：//www. gov. cn/guowuyuan/2015 - 09/24/content_2938314，2015 - 09 - 24.

③ 关于开展科技人才评价改革试点的工作方案 ［EB/OL］. http：//www. gov. cn/xinwen/2022 - 11/10/content_5725973. htm，2022 - 11 - 10.

二、注重知识价值导向，明确评价标准，提高人才评价的目的性和完备性

综合比较前述关于创新型科技人才的素质特征与知识价值的分类，可以发现，三类知识价值（隐性知识价值、显性知识价值和流通知识价值）与创新型科技人才的三大素质特征（职业道德、能力素质和业绩贡献）之间存在相应的映射关系，即"隐性知识价值"映射"职业道德"、"显性知识价值"映射"能力素质"、"流通知识价值"映射"业绩贡献"。因此，根据创新型科技人才的成长规律和素质特征，结合已有的科技人才评价指标体系的研究成果，基于胜任力模型理论和知识价值测度理论，本章初步构建了创新型科技人才知识价值"三位一体"测度模型（见图4-1）。可以看出，隐性知识价值、显性知识价值侧重于对创新型科技人才心理特征和内在素质等潜能的考察，相当于"冰山模型"海平面下的、潜在的鉴别性因子；流通知识价值侧重于对创新型科技人才外在表现的客观量化评价，相当于"冰山模型"海平面上的、表象的基准性因子。

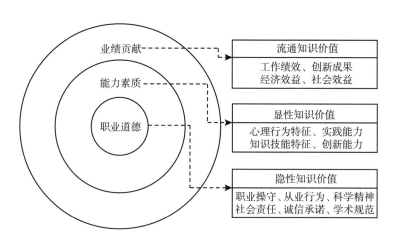

图4-1 知识价值"三位一体"测度模型

以不同类别创新型科技人才的职业属性和岗位需求为基础，按照既坚持统一标准，又尊重类别差异原则，注重从职业道德（隐性知识价值）、能力素质（显性知识价值）和业绩贡献（流通知识价值）等多维度细化分类评价标准，即将职业道德、能力素质和业绩贡献作为一级指标，并根据其内涵逐级分解和细化成二级、三级指标体系，以构建不同类型创新型科技人才评价指标动态模型（见表4-2），并对模型进行验证，突破僵化单一的成果量化考核的弊病，解决评价标准的明确化问题，以提高人才评价的目的性和完备性。

表4-2　　　　　　　创新型科技人才多元评价指标体系（初步）

考评维度	一级指标	二级指标
隐性知识价值	职业道德	职业操守、从业行为、科学精神、社会责任、诚信承诺、学术规范
显性知识价值	能力素质	心理行为特征、知识技能特征、实践能力、创新能力
流通知识价值	业绩贡献	工作绩效、创新成果、经济效益、社会效益

三、基于360度综合评价，遴选评价主体，提高人才评价的专业性和公平性

充分认识创新型科技人才评价的复杂性，研究政府部门、用人单位、中介机构等多元主体在创新型科技人才评价中的地位和作用，根据人才评价的目的和需要，确定不同评价主体的权重；以实行360度全方位、立体的综合评价为依托，大力拓展多维度多层次评价方式，探索建立同行评价、市场评价、社会评价等第三方评价机制，解决评价主体的多元化问题，以提高人才评价的专业性和公平性。

《关于深化科技体制改革加快国家创新体系建设的意见》（2012年）强

调，对基础研究、应用研究、产业化开发的科技人才要选择不同的评价主体、关注不同的评价内容，例如，"基础研究以同行评价为主""应用研究由用户和专家等相关第三方评价""产业化开发由市场和用户评价""基础研究着重评价成果的科学价值""应用研究着重评价技术成果的带动性和突破性、目标完成情况以及成果转化情况""产业化开发着重评价对产业发展的实质贡献"①。《关于深化人才发展体制机制改革的意见》（2016 年）也指出，对基础研究人才、应用研究人才、哲学社会科学人才要选择不同的评价主体，例如，"对基础研究人才应注重引入国际同行评价，以同行学术评价为主""对应用研究人才应突出市场评价，并根据职业特点强调能力和业绩导向""对哲学社会科学人才应强调社会评价"②。《关于深化职称制度改革的意见》（2017 年）进一步指出，对基础研究人才、应用研究人才、哲学社会科学研究人才要选择不同的评价主体，采用不同的评价方式，例如，"基础研究人才评价，要建立和完善同行学术评价机制，坚持以同行专家评审为主""完善评审专家遴选机制，积极吸纳行业协会学会、科研院所、企业专家参与评价，实行评审专家动态管理，不断加强评审专家库建设""应用研究人才评价，要注重引入市场和社会评价，突出市场评价和社会评价""哲学社会科学研究人才评价，应重在同行认可和社会效益"③。因此，针对上述创新型科技人才知识价值"三位一体"测度模型的三个维度，本章运用德尔菲法分别确定了不同的评价主体，即隐性知识价值以政府部门、用人单位和社会大众为评价主体；显性知识价值以同行专家、中介机构为评价主体；流通知识价值以外部市场和用户企业为评价主体。并根据创新型科技人才的不同类别分

① 关于深化科技体制改革加快国家创新体系建设的意见 [EB/OL]. http：//www. most. gov. cn/yw/201209/t20120924_96972，2012 - 09 - 24.

② 关于深化人才发展体制机制改革的意见 [EB/OL]. http：//news. xinhuanet. com/politics/2016 - 03/21/c_1118398308，2016 - 03 - 21.

③ 关于深化职称制度改革的意见 [EB/OL]. http：//www. gov. cn/xinwen/2017 - 01/08/content_5157911，2017 - 01 - 08.

别赋予了不同的权重（见表 4 – 3）。

表 4 – 3　　　　　　　创新型科技人才评价主体的权重设计　　　　　　单位：%

评价维度		评价主体	自然科学人才				哲学社会科学人才
			基础研究人才	应用研究人才	技术开发人才	成果转让人才	
知识价值	隐性知识价值	政府部门	5	5	5	5	5
		用人单位	10	10	10	10	10
		社会大众	5	5	5	5	5
	显性知识价值	同行专家	60	15	15	10	40
		中介机构	20	15	15	10	40
	流通知识价值	外部市场	0	20	20	20	0
		用户企业	0	30	30	40	0

四、重视评价技术开发，创新评价方式，提高人才评价的实效性和科学性

《关于深化职称制度改革的意见》（2017 年）提出，要"采用多种评价方式，如个人述职、实践操作、考试、评审、考核认定、考评结合、面试答辩、业绩展示等，提高职称评价的科学性和针对性。"[1]《关于在部分系列设置正高级职称有关问题的通知》（2017 年）又提出，要"采用个人述职、实践操作、综合评议、成果展示、面试答辩、业绩考察等多种评价形式，提高正高级职称评审的科学性和针对性，确保评审高质量。"[2] 因此，针对创新型

---

① 关于深化职称制度改革的意见［EB/OL］. http：//www. gov. cn/xinwen/2017 – 01/08/content_5157911，2017 – 01 – 08.

② 关于在部分系列设置正高级职称有关问题的通知［EB/OL］. https：//www. sohu. com/a/203771033_100018919，2017 – 11 – 07.

科技人才的评价，既要注重参考和运用大数据、云计算等现代信息工具的分析手段，大力开发应用各种现代人才评价技术，研究制定适合各种类型人才的评价手段和现代化的测评技术，如数量控制、模型分析、远程面试等，及时研制各种先进的评价模型和测评软件，逐步建立人才评价数据系统，创建具有中国特色、符合创新型科技人才特点的测评方法体系，以解决评价方法的科学化问题，提高人才评价的针对性和实效性，同时，又要强化评价机制设计，创新评价方式，根据评价对象的不同特点，坚持定性评价与定量评价相结合、个人评价与组织评价相结合、当前评价和长远评价相补充、同行评价和社会评价相协调、过程评价与结果评价相衔接，以解决评价方式的多样化问题，提高人才评价结果的科学性和公信力①。

第三节　创新型科技人才多元评价系统构建的设计②

一、引言

知识经济时代，知识已成为推动社会和经济发展的必要动力，知识来源于创新型科技人才，创新型科技人才也能够创造知识价值。在科技经济全球化发展的今天，创新型科技人才已成为最有竞争力的"活"资源，对促进国家科技及经济发展和取得国际竞争胜利具有重要作用。

随着我国创新驱动战略的实施，科学技术和社会经济的发展越来越离不开创新型科技人才，创新型科技人才的培养已成为国家人才战略规划的重要

---

① 刘元春. 构建多元评价体系 [J]. 中国高等教育，2016（2）：5 – 7.

② 杨月坤，路楠. 基于知识价值的创新型科技人才评价模型构建 [J]. 领导科学，2019（1）：98 – 102.

环节。2010 年,《国家中长期人才发展规划纲要 (2010—2020)》强调,要把创新型科技人才队伍建设作为人才建设的重点项目①;2012 年,党的十八大明确提出,实施创新驱动战略,人才支撑是关键,因此,必须加快创新型科技人才的培养;2015 年和 2016 年,《深化科技体制改革实施方案》② 和《关于深化人才发展体制机制改革的意见》③ 陆续出台,文件明确指出要完善科技人才评价机制,要求科研机构和高等院校建立以科研质量和创新能力为导向的评价标准,依据人才所从事的工作性质和岗位,确定相应的评价标准和方式;2016 年,《关于实行以增加知识价值为导向分配政策的若干意见》提出要科学客观公正地评价科技人才创造的科学价值、经济价值和社会价值,构建体现知识价值的收入分配机制④;2017 年,《关于深化职称制度改革的意见》指出对科技人才作出客观科学公正评价的重要性⑤;2022 年,《关于开展科技人才评价改革试点的工作方案》提出,要着力克服“唯论文、唯职称、唯学历、唯奖项”倾向,重点解决好科技人才评价改革落实难等问题⑥。

创新型科技人才评价不仅是科技人才培养的重要环节,同时作为科技人才发展体制机制的重要方面,对于实现经济社会发展与科技人才发展的深度融合,加快实施创新驱动发展战略,促进创新型国家建设也起着重要作用。近年来,尽管我国在创新型科技人才评价方面取得了较为丰硕的成果,但仍存在一些不足:一是评价标准“一刀切”,重数量轻质量,重头衔轻贡献,

---

① 国家中长期人才发展规划纲要 (2010—2020 年) [EB/OL]. http://www.gov.cn/jrzg/2010 – 06/06/content_1621777,2010 – 06 – 06.

② 深化科技体制改革实施方案 [EB/OL]. http://news.xinhuanet.com/politics/2015 – 09/24/c_1116671338,2015 – 09 – 24.

③ 关于深化人才发展体制机制改革的意见 [EB/OL]. http://news.xinhuanet.com/politics/2016 – 03/21/c_1118398308,2016 – 03 – 21.

④ 关于实行以增加知识价值为导向分配政策的若干意见 [EB/OL]. http://www.gov.cn/zhengce/2016 – 11/07/content_5129805,2016 – 11 – 07.

⑤ 关于深化职称制度改革的意见 [EB/OL]. http://www.gov.cn/xinwen/2017 – 01/08/content_5157911,2017 – 01 – 08.

⑥ 关于开展科技人才评价改革试点的工作方案 [EB/OL]. http://www.gov.cn/xinwen/2022 – 11/10/content_5725973.htm,2022 – 11 – 10.

且职业道德评价被普遍忽略；二是提出的评价指标多数通过文献调研而来，笼统抽象，很多没有经过实证检验，科学性不足；三是鲜有学者从知识价值角度去构建评价模型。因此，根据以上评价问题，本章以创新型科技人才为研究对象，以胜任力模型理论和知识价值理论为基础构建创新型科技人才知识价值评价体系，并针对现有评价存在的问题提出相应建议，以期为我国创新型科技人才的选拔、培养和评价提供决策参考。

（一）研究意义

1. 理论意义

近些年，随着创新驱动战略的全面实施，创新型科技人才评价已成为国家人才培养和管理的重要一环，对推动创新型国家建设也具有重要作用。近年来，虽然学术界在创新型科技人才评价方面已取得不少成果，但过往对创新型科技人才的评价鲜有从知识价值角度入手。因此，本章在过往研究基础上，从知识价值视角入手，构建创新型科技人才评价模型和体系，确立"崇尚知识创造价值"的新理念。该研究能够准确反映创新型科技人才的智力劳动特点和成长规律，对拓展科技人才评价领域的研究具有重要的学术价值和理论意义。

2. 实践意义

过往的创新型科技人才评价过多重视其身份头衔和获得的成就，忽略了职业道德、综合能力和人才效益等评价，不能有效促进创新型科技人才的全面发展。针对上述问题，本章通过构建创新型科技人才评价体系，对创新型科技人才进行科学综合评价，完善现有评价机制，提高创新型科技人才的综合素质能力和效益转化率，不仅适应国家改进人才评价体系的发展目标，也有助于调动创新型科技人才的工作积极性，促进国家经济和科技的进一步发展。

（二）研究内容

首先，本章对创新型科技人才的概念、素质特征、相关评价研究、胜任力模型和知识价值理论进行了梳理，分析创新型科技人才评价和知识价值的联系，建立了创新型科技人才评价理论假设模型，并设计相应的评价指标。该模型包括三个维度（隐性知识价值、显性知识价值、流通知识价值）、八个评价要素（职业规范、责任诚信、科学品质、心理素质、知识创新、社会实践、绩效成果、效益转化）。其次，本章通过问卷调研收集数据，运用 SPSS 20.0 和 AMOS 21.0 统计软件，对题项的信度进行检验，通过探索性和验证性因子分析法进行数据分析，验证了本章提出的假设，理论模型拟合情况较为理想，并确定了由 3 个一级指标、8 个二级指标、17 个三级指标构成的创新型科技人才评价体系。最后，根据实证分析结果，为我国创新型科技人才的评价管理提出参考性建议：第一，突出创新型科技人才隐性知识价值评价，即职业道德评价，纠正过去"成果至上"的人才评价思想；第二，强化创新型科技人才显性知识价值评价，即能力素质评价，改变过去"重学历轻能力、重显能轻潜能"的做法；第三，重视创新型科技人才流通知识价值评价，即业绩贡献评价，克服过去"重资历轻业绩、重头衔轻贡献"的倾向。

（三）研究方法

1. 文献分析法

本章通过查阅和梳理创新型科技人才、胜任力理论及知识价值理论的研究现状，为建立创新型科技人才评价体系指明研究方向。

2. 问卷调查法

本章设计初试和正式调查问卷，经相关专家审核确认后在线上（通过网络问卷星平台）和线下对调研对象展开问卷调查。

3. 统计分析法

针对问卷的信度及效度，本章运用 SPSS 20.0 统计软件进行检验，运用 AMOS 21.0 统计软件验证本章构建的创新型科技人才评价体系。

（四）研究创新点

本章在文献梳理的基础上，以创新型科技人才为对象，在知识价值的视角下，以胜任力模型和知识价值理论为基础，把知识创造价值融入创新型科技人才评价中，构建了以知识价值为导向的创新型科技人才评价理论假设模型。该模型包括职业规范、责任诚信、科学品质、心理素质、知识创新、社会实践、绩效成果、效益转化。通过实证验证了模型的科学可行性，且在该理论模型的基础上，基于知识价值视角，构建了创新型科技人才评价体系，该评价体系包括 3 个一级指标、8 个二级指标以及 17 个三级指标。本章基于知识价值角度构建的评价体系，丰富了创新型科技人才及知识价值理论的研究，充分反映了创新科技人才的劳动特点和价值，评价指标体系更加科学，更加实用，研究内容和思想上具有一定的创新性。

二、文献综述

（一）创新型科技人才的理论研究

1. 创新型科技人才的定义

学者们基于不同角度或研究目的对创新型科技人才的定义作出了不同的解释，他们主要从创新型科技人才的分类和能力素质等方面去考虑，为创新型科技人才定义的探讨做出了一定的贡献，但目前对于其定义仍没有统一的说明。因此，本章通过梳理国内外关于创新型人才与科技人才的定义逐步理解并形成了创新型科技人才的内涵。

（1）创新型人才。

关于创新型人才的定义，国外学者的理解比较宽泛，并没有提出具体的概念，他们大多从心理学角度研究创造性思维、创造性人格的特点，强调人的个性综合发展，重视创新动机和创新潜力的培养，强调情感、智力的全面发展，应该具有独立思考和分析能力、批评和解决问题的能力[①]。在国内，学者大多是从"创新创造"角度提出创新型人才的概念。房国忠和王晓钧（2007）结合人格特质将创新型人才定义为具有创新学习和创新能力、创新思维和创造人格，凭借个人的创造性思维和劳动为经济社会发展带来积极影响的人才[②]。朱晓妹等（2013）基于价值、素质和综合角度，将创新型人才定义为具有创新意识和能力，从事创新性活动，能为社会创造价值和贡献的人才[③]。薛磊和窦德强（2014）将创新型人才定义为具有创新意识、创新思维、创新精神与创新能力，能够获得创新成就的人才，认为创新型人才与常规人才是有一定区别的[④]。任飚和陈安（2017）经过创新目标与人才标准的探索，把创新型人才定义为既具备普通人才的基本素养和特质，又能够在实践中发现问题，并利用知识或技能创造性解决问题并获得创新成果的人[⑤]。

（2）科技人才。

国外一般是从科技人力资源角度对科技人才进行解释，没有统一具体的

① 赵伟，林芬芬，彭洁，等. 创新型科技人才评价理论模型构建 [J]. 科技管理研究，2012（24）：131-135.
② 房国忠，王晓钧. 基于人格特质的创新型人才素质模型分析 [J]. 东北师大学报（哲学社会科学版），2007（3）：106-109.
③ 朱晓妹，林井萍，张金玲. 创新型人才的内涵与界定 [J]. 科技管理研究，2013（1）：153-157.
④ 薛磊，窦德强. 基于素质模型的创新型人才模糊综合评价体系构建 [J]. 生产力研究，2014（10）：148-150.
⑤ 任飚，陈安. 论创新型人才及其行为特征 [J]. 教育研究，2017（1）：149-153.

认识，科技人才是我国特有的概念。郭强和张林祥（2005）将科技人才定义为具备一定专业基础知识和技能，在科技创造、传播、应用与发展中做出突出贡献的人[①]。罗瑾琏和李思宏（2008）基于人才价值观提出科技人才通常是指从事系统性科学和技术知识生产、促进、传播及应用等相关工作并作出一定贡献的人才[②]。张相林（2010）认为科技人才是科学人才和技术人才的综合体，并从大科技观的角度将科技人才定义为在社会科学活动中通过创造能力和较强的探索精神，为科学发展及人类社会进步做出积极贡献的人[③]。屈宝强等（2016）结合科学技术生产，在研究我国当前人才信息管理现状的基础上提出科技人才主要指从事系统性科技生产、传播和应用的人[④]。

（3）创新型科技人才。

在2006年的院士会议上，胡锦涛第一次对创新型科技人才的概念进行了阐述，即创新型科技人才是指新知识的创造者、新学科的创立者、新技术的发明者，是科技新突破、发展新途径的开拓者和引领者，是国家发展的宝贵战略资源[⑤]。韩利红（2009）将创新型科技人才定义为长期持续从事科技创新活动，投入大量时间、精力、知识、创造力、意志与情感等多种因素，获得同行专家或社会认可、具有创新成果，能动态把握科学技术领域的发展方向和趋势的科技人才[⑥]。麻盼盼（2012）认为创新型科技人才是具有一定的专业知识或创新技能素质，能够质疑原有理论并能从中突破取得独创性成果，

---

① 郭强，张林祥.科技人才科学管理研究［J］.软科学，2005（2）：63 - 65.

② 罗瑾琏，李思宏.科技人才价值观认同及结构研究［J］.科学学研究，2008，26（1）：73 - 77.

③ 张相林.科技人才创新行为评价体系设计研究［J］.中国行政管理，2010（7）：107 - 111.

④ 屈宝强，彭洁，赵伟.我国科技人才信息管理的现状及发展［J］.科技管理研究，2016（10）：154 - 159.

⑤ 胡锦涛在中国科学院第十三次院士大会和中国工程院第八次院士大会上的讲话［EB/OL］.http：//www. chinanews. com/news/2006/2006 - 06 - 05/8/739613，2006 - 06 - 05.

⑥ 韩利红.创新型科技人才竞争力评价与提升对策［J］.河北学刊，2009（3）：227 - 229.

对社会经济和科学发展做出贡献的科技人员①。周晓辉（2013）认为，创新型科技人才是指具有很强的自主研发能力和科技创新意识，积极参与科研创新活动，并为科技进步和经济社会发展做出特殊贡献的人②。吴欣（2015）通过研究将创新型科技人才定义为积累了丰富专业基础知识，具有较强的创新研发能力以及良好的综合素质，能够在科学技术活动中发挥重要作用的人才③。王立朴（2017）从多维绩效观出发将创新型科技人才定义为具有强烈的创新意识、扎实的科学专业知识、良好的综合素质、较强的创新创造能力、高尚的奉献精神以及求真务实的科研精神，能创造性解决实际问题并获得创新成就的人才④。

综合上述学者们的观点，创新型科技人才一般是指具有创新知识与技能、创新精神和创新成果的人才。近年来，越来越多的学者提出还应包括个人素质和道德品质等方面的要求。因此，综合各方面学者的研究和我国人才发展战略的要求，将创新型科技人才界定为：在科学技术领域长期从事科技创新活动，具有高尚的职业道德、较强的能力素质，能够为科技发展和社会进步做出突出贡献的人才。

2. 创新型科技人才的素质特征

创新型科技人才具备普通人才所没有的或所欠缺的创新素养，是促进社会发展和科技进步的重要人才力量，国内外学者通过多年研究取得了丰硕的成果，为创新型科技人才素质特征研究打下了良好的基础。国外方面，贝利

---

① 麻盼盼. 创新型科技人才及其素质特征 [J]. 山东省农业管理干部学院学报，2012，29 (2)：117 – 118.

② 周晓辉. 创新型科技人才培养中协同体协同机制研究 [J]. 高教探索，2013 (6)：57 – 61.

③ 吴欣. 创新型科技人才的典型特质综述 [J]. 内蒙古师范大学学报（教育科学版），2015，28 (5)：40 – 41.

④ 王立朴. 基于多维绩效观的创新型科技人才评价体系构建 [D]. 天津：天津商业大学，2017.

（Bailey，1979）把创新型人才的个性特征概括为创新精神、严谨性和创造力①。刘泽双等（Liu et al.，2009）从创新意识、创新能力和创新质量三个方面论述了创新型人才的个性特征②。国内方面，王养成和赵飞娟（2010）从"3Q"角度出发，认为创新型科技人才应当具备创新智能、创新调节、创新支撑和创新激励等素质特征③。韩利红（2012）针对人才的创新性管理，提出创新型科技人才的特征包括心理、行为、素质能力和绩效四大特征④。陈苏超（2014）通过研究认为高层次创新型科技人才应有的素质包括创新水平、综合能力、知识层次和社会贡献⑤。吴欣（2015）通过研究将创新型科技人才素质特征归纳为创新表现与品质、创新知识与技能和团队领导力等方面⑥。盛楠等（2016）基于创新驱动战略提出创新型科技人才的特征包括基本素质、创新能力和创新成果⑦。黄小平（2017）通过研究得出创新型科技人才的素质特征，即创新能力、专业知识和技能、科学创新的核心价值理念、创新个性和学术交流⑧。雷莉（2017）通过 SWOT 分析得出创新型科技人才素质特征应该包括创新精神与创新思维、广博的知识体系、持之以恒精神、解决问题的能力⑨。廖志豪和廖建华（2017）从职业素质自我认知角度出发，

① Bailry R L. Disciplined creativity for engineers ［M］. AnnArbor，MI. AnnArbor Science，1979.

② Liu Z S，Yan F Q，Li J. Based on similar distance vector algorithm lmmune genetic characteristics of the creative talents of genetic selection ［R］. 2009 Second International Conference on Education Technology and Training，2009.

③ 王养成，赵飞娟. 基于3Q的四维度创新型科技人才素质模型 ［J］. 科技进步与对策，2010，27（18）：149 – 153.

④ 韩利红. 创新型科技人才的特征及其创新性管理 ［J］. 河北学刊，2012，32（4）：138 – 141.

⑤ 陈苏超. 高层次创新型科技人才评价及对策研究 ［D］. 山西：太原理工大学，2014.

⑥ 吴欣. 创新型科技人才的典型特质综述 ［J］. 内蒙古师范大学学报（教育科学版），2015，28（5）：40 – 41.

⑦ 盛楠，孟凡祥，姜滨，等. 创新驱动战略下科技人才评价体系建设研究 ［J］. 科研管理，2016，37（S1）：602 – 606.

⑧ 黄小平. 五因子素质结构模型构建及其对我国高校创新型科技人才培养的启示 ［J］. 复旦教育论坛，2017，15（2）：54 – 60.

⑨ 雷莉. 创新型科技人才培育的SWOT分析 ［J］. 黑龙江教育学院学报，2017，36（4）：4 – 6.

提出创新型科技人才应具有知识与智力、行动能力和人格动机三大特征①。

此外，对创新型科技人才的素质评价，国家也相应出台了文件，并提出了要求。《国家中长期科技人才发展规划（2010—2020 年)》（2010 年）提出要把科学道德与精神纳入科技人才评价中，包括科学道德与精神、科研质量和创新能力等方面，建立以创新能力与科研质量为导向的评价标准②。《关于深化人才发展体制机制改革的意见》（2016 年）提出要建立"突显能力、业绩与品德特征"的创新人才评价机制③。《关于深化职称制度改革的意见》（2017 年）提出要坚持德才兼备、以德为先，科学分类评价专业技术人才能力素质，强调要评价人才的道德与能力、实际水平与业绩贡献④。

通过对诸多学者关于创新型科技人才素质特征的梳理，可以看出当前学者主要从知识、能力、思维、品质这几个方面进行研究，而通过仔细研读近些年国家出台的主要文件，本章发现"品德""知识或能力""业绩或贡献"是阐释或衡量创新型科技人才的共性特征和主要标准。所以，基于上述分析，本章认为创新型科技人才的素质特征或评价指标应主要从"职业道德""能力素质""业绩贡献"三个方面进行描述或设立。

（1）职业道德：创新型科技人才应具有良好的职业操守，从业行为规范，善于打破常规，具有不断追求创新知识的科学精神，不断进行探索，敢于质疑权威，有强烈的社会责任感，学术诚信高，学术规范。

（2）能力素质：创新型科技人才对科学具有强烈的热情和很强的独立性，必须具有扎实的基础知识，具有某一领域的专业实践能力，能顺利从事

---

① 廖志豪，廖建华. 创新型科技人才职业素质自我认知 [J]. 中国科技论坛，2017，5（7）：126 - 133.

② 国家中长期科技人才发展规划（2010—2020 年）［EB/OL］. http：//www. most. gov. cn/tztg/201108/t20110816_89061，2011 - 08 - 16.

③ 关于深化人才发展体制机制改革的意见 ［EB/OL］. http：//news. xinhuanet. com/politics/2016 -03/21/c_1118398308，2016 - 03 - 21.

④ 关于深化职称制度改革的意见 ［EB/OL］. http：//www. gov. cn/xinwen/2017 - 01/08/content_5157911，2017 - 01 - 08.

科学研究、技术开发等科学研究活动，在实践中遇到难题能运用基础知识和专业能力解决问题，同时具有很强的敏感性与敏锐的洞察力，在分析问题的过程中能够始终从创新的角度去思考并提出创新性见解。

（3）业绩贡献：创新型科技人才通常能够在某一领域取得较高的工作绩效成绩和创新成果，其创新成果也能够带来一定的经济和社会效益。

3. 创新型科技人才相关评价研究

（1）创新型科技人才评价模型和体系。

关于创新型科技人才评价模型和体系的构建，国外基本上是以胜任力模型为基础进行研究。相比较国外，国内众多学者依据不同的研究方法从不同角度构建评价指标体系，研究成果较为丰硕，也为后续评价研究奠定了基础。房国忠和王晓钧（2007）基于人格特征提出了创新型人才素质模型，包括人格特质、思维特征、学习素质和社会能力结构四大方面[1]。王养成和赵飞娟（2010）以"3Q"为研究视角，构建了包括智能、调节、激励和支撑素质的四维度创新型科技人才评价模型[2]。廖志豪（2010）基于思维、个性品质、知识与能力四个维度，根据 87 名调查对象的实际情况，探索性地建立了创新型科技人才的素质模型[3]。盛晓娟等（2011）基于"智商－情商－逆商"视角提出创新型人才素质结构模型，包括认真专注、善于沟通协作等 11 个典型性特征[4]。赵伟等（2012）把个体创新行为理论和胜任力模型理论作为研究支撑点，提出了包括创新知识与技能、创新动机与管理能力、创新力与影响

① 房国忠，王晓钧. 基于人格特质的创新型人才素质模型分析 [J]. 东北师大学报（哲学社会科学版），2007（3）：106－109.

② 王养成，赵飞娟. 基于3Q的四维度创新型科技人才素质模型 [J]. 科技进步与对策，2010，27（18）：149－153.

③ 廖志豪. 创新型科技人才素质模型构建研究——基于对 87 名创新型科技人才的实证调查 [J]. 科技进步与对策，2010（17）：149－152.

④ 盛晓娟，张秋月，佘元冠，等. 基于智商—情商—逆商的创新型人才素质模型 [J]. 科技与经济，2011，24（3）：75－79.

力等六大素质特征的创新型科技人才评价"冰山模型"①。薛磊和窦德强 (2014) 以传统的素质模型为基础，从创新意识、创新人格、创新知识、创新能力四个维度构建了创新型人才的模糊综合评价体系，实行对创新型人才的综合评价②。盛楠等 (2016) 基于创新驱动战略提出了科技人才评价体系，包括学术道德、专业知识、科研能力、影响力、科研成果、成果转化情况等指标③。黄小平 (2017) 在质性研究和量化研究基础上构建了创新型科技人才素质结构模型，包括专业知识、创新能力、创新核心价值理念、创新个性和学术交流五个维度④。王立朴 (2017) 以多维绩效观为研究视角建立了创新型科技人才评价体系，包括关系、任务和适应性绩效三大方面⑤。

（2）创新型科技人才评价方法。

创新型科技人才的评价方法多种多样，既有定性方法也有定量方法。丁月华 (2011) 基于专家咨询和问卷调查，运用层次分析法构建了以知识、创新品质和创新才能为准则层的创新型人才评价结构模型⑥。李良成和杨国栋 (2012) 通过回收 2009 年全国 31 个省份相关年鉴数据进行实证分析，具体运用因子分析法构建了创新型科技人才竞争力评价模型，包括资源与投入、环境、效能 3 个主要评价因子⑦。赵伟等 (2014) 通过研究基础科学的本质特

① 赵伟，林芬芬，彭洁，等. 创新型科技人才评价理论模型构建 [J]. 科技管理研究，2012 (24)：131 - 135.

② 薛磊，窦德强. 基于素质模型的创新型人才模糊综合评价体系构建 [J]. 生产力研究，2014 (10)：148 - 150.

③ 盛楠，孟凡祥，姜滨，等. 创新驱动战略下科技人才评价体系建设研究 [J]. 科研管理，2016，37 (S1)：602 - 606.

④ 黄小平. 五因子素质结构模型构建及其对我国高校创新型科技人才培养的启示 [J]. 复旦教育论坛，2017，15 (2)：54 - 60.

⑤ 王立朴. 基于多维绩效观的创新型科技人才评价体系构建 [D]. 天津：天津商业大学，2017.

⑥ 丁月华. 基于层次分析法的创新型人才评价体系 [J]. 中北大学学报（社会科学版），2011，27 (2)：42 - 45.

⑦ 李良成，杨国栋. 基于因子分析的广东省创新型科技人才竞争力评价 [J]. 科技管理研究，2012 (10)：51 - 55.

征，并结合创新型科技人才冰山模型，运用因子分析法构建了基础研究类创新型科技人才评价体系，包括创新知识与技能、管理能力及影响力等内容①。朱春玲和刘永平（2014）运用文献研究法，通过梳理国内外相关研究成果，并依据中国移动相关工作人员的数据，对模型进行修正，最终得出企业创新型人才素质的立体模型②。陈苏超和薛晔（2014）首先运用模糊层次分析法筛选出符合计量要求的指标，其次参考模糊神经网络模型构建了创新型科技人才评价指标体系③。刘亚静等（2017）基于人才类型和评价目的，并结合高层次科技人才的素质特征和多元化的评价应用场景，运用层次分析法构建了包括能力素质、基本素养和社会认可 3 个层次的高层次科技人才评价指标体系④。

纵观上述分析，对于创新型科技人才评价的研究方法，国内研究成果较为丰富，主要有 5 种研究方法，即问卷调查法、层次分析法、因子分析法、模糊分析法和德尔菲法。结合上述研究，本章采用因子分析法构建评价体系。

（二）胜任力模型的理论研究

1. 胜任力的定义

在国外，哈佛大学教授麦克利兰（McClelland，1973）首次提出了"胜任力"的概念，认为胜任力是一种个人的深层次特征，能够将卓越者和普通

---

① 赵伟，包献华，屈宝强. 基础研究类创新型科技人才评价指标体系的构建 [J]. 科技与经济，2014，27（1）：81 – 85.

② 朱春玲，刘永平. 企业创新型人才素质模型的构建——基于中国移动通信集团调研数据的质性研究 [J]. 管理学报，2014，11（12）：1737 – 1744.

③ 陈苏超，薛晔. 基于模糊神经网络的高层次创新型科技人才的评价 [J]. 太原理工大学学报，2014（3）：420 – 424.

④ 刘亚静，潘云涛，赵筱媛. 高层次科技人才多元评价指标体系构建研究 [J]. 科技管理研究，2017（24）：61 – 67.

者区别开来，包括自我形象态度价值观、某一领域的特殊技能等①。博亚特兹（Boyatzis，1982）将胜任力定义为个人本来就有的，能够产生满足组织环境内工作要求的能力②。斯宾塞等（Spencer et al.，1994）认为胜任力是指知识、技能、特质、价值观或态度等可测量，并能把高绩效员工与一般绩效员工区分开的任何个体特征③。桑德伯格（Sandberg，2000）将胜任力定义为人们在工作中所使用到的知识与技能④。在国内，仲理峰和时勘（2003）从"是什么"和"做什么"两种角度出发，认为胜任力是潜在的、持久的个人特征，是完成主要工作结果的连串知识、技能与能力⑤。李明斐和卢小君（2004）认为胜任力是指具有动态性，可以预测员工未来的工作业绩，能够区分优秀业绩者与普通业绩者的个人特征⑥。冯明和尹明鑫（2007）将胜任力定义为在具体工作中能将表现优秀者与表现一般者区分开来的深层次的、潜在的个人特征⑦。韩静和杨力（2009）认为胜任力是指可以明显区别绩效优异和绩效一般的个体特征，并且这个特征可以被量化的⑧。

国内外学者对胜任力定义的研究做出了很大贡献，基于当前研究可以把该定义归纳为两种解释。一是胜任力是隐性潜在的个人特征，它与一定工作情境中的、效标参照的、有效或优异绩效有一定的因果关系。二是将胜任力

---

① McClelland D C. Testing for competence rather than for intelligence [J]. American Psychologist, 1973 (28)：10 – 14.

② Boyatzis R E. The competent manager：A model for effective performance [M]. New York：Willey, 1982.

③ Spencer L M, McClelland D C, Spencer S M. Competency assessment methods：History and state of the art [M]. Boston：Hay-Mcber Research Press, 1994.

④ Sandberg J. Understanding human competence at work：An interpretative approach [J]. Academy of Management Journal, 2000, 43 (1)：9 – 25.

⑤ 仲理峰，时勘. 胜任特征研究的新进展 [J]. 南开管理评论, 2003 (2)：4 – 8.

⑥ 李明斐，卢小君. 胜任力与胜任力模型构建方法研究 [J]. 大连理工大学学报（社会科学版）, 2004, 25 (1)：28 – 32.

⑦ 冯明，尹明鑫. 胜任力模型构建方法综述 [J]. 科技管理研究, 2007 (9)：229 – 230, 233.

⑧ 韩静，杨力. 基于胜任力模型的人才评价方法研究 [J]. 安徽理工大学学报（社会科学版）, 2009, 11 (2)：25 – 28.

看作是个体相关行为的类别，是能够确保一个人可胜任工作的、外显行为的维度。国内外学者对胜任力的界定，仁者见仁，智者见智，很大程度上丰富了胜任力方面的研究，也为本章的研究提供了一定的参考。

2. 胜任力模型的研究

胜任力模型指担任某一特定任务角色所具备的胜任力的总和，是胜任力的结构形式①。近些年，国内外学者以胜任力为基础，通过不同角度或研究目的提出了不同类型、不同对象的胜任力模型，为后续研究奠定了一定的基础。刘易斯（Lewis，2002）以关键行为事件访谈和360度访谈为研究方法建立了包括专业技能、洞察力、分析思维、创新等18项内容的酒店经理胜任力模型②。比诺和塔布斯（Bueno & Tubbs，2004）通过研究和对比，提出包括沟通技巧、学习动力、敏感性、开放性、灵活性、尊重他人等六大因素的管理者全球领导力胜任力模型③。当然，在国外最具有代表性的就是麦克里兰（McClelland）的"冰山模型"。麦克里兰模型把胜任力划分为基准性和鉴别性两种类型。基准性胜任力是对任职者的基本要求，较容易通过教育培训来发展的知识和技能；鉴别性胜任力是对任职者的高层次要求，指在短期内较难改变和发展的特质、动机、态度和价值观等④。斯潘塞（Spencer）"素质冰山模型"将胜任力划分为表层特征和深层特征。表层特征指冰山水面上的部分，包括知识、技能和行为等，是可以直接观察的；深层特征指冰山水面

---

① 胡艳曦，官志华. 国内外关于胜任力模型的研究综述 [J]. 商场现代化，2008（31）：248 - 250.

② Lewis M. Identifying a competence model for hotel managers [M]. Boston University，2002.

③ Bueno C M，Tubbs S L. Identifying global leadership competence：An exploratory study [J]. Journal of American Academy of Business，2004，14（5）：80 - 87.

④ McClelland D C. Testing for competence rather than for intelligence [J]. American Psychologist，1973（28）：10 - 14.

下的部分，不易直接观察，包括内部特征、态度和价值观等①。在国内，时
勘等（2002）以通信业高层管理者为对象进行实证研究，运用行为事件访谈
法构建了包括影响力、社会责任感、调研能力等10项素质的通信管理干部胜
任力模型②。魏钧和张德（2005）利用关键行为事件法、团体焦点访谈法以
及胜任力评价法提出了包括把握信息、拓展演示、参谋顾问、协调沟通、关
系管理和自我激励六大方面的我国商业银行客户经理胜任力模型③。王黎萤
等（2008）结合当前国家对工程科技人才的要求，通过对创新型工程科技人
才内涵的研究构建了包括基础知识、创新精神和创新能力等因素的创新型工
程科技人才胜任力模型④。周霞等（2012）以关键事件访谈、开放式问卷调
查为主要方法建立了创新人才胜任力五维度结构模型，包括创新品德与人格、
创新精神、创新知识与能力五个部分⑤。

　　结合上述研究成果，本章发现国外有关胜任力的研究大多从特定行业和
特定岗位出发，将模型运用到实践中，而国内主要是从心理角度出发，建立
有关职业的胜任力模型。所以基于以上分析，本章以斯潘塞（Spencer）"素
质冰山模型"为基础进行创新型科技人才评价的研究。

（三）知识价值的理论研究

1. 知识价值的研究历程

　　知识经济时代，知识成为价值形成的重要源泉，对知识价值内涵的认识

————————

　　① Spencer L M, Spencer S M. Competence at work：Models for superior performance ［M］. New York：John Wiley & Sons, 1993.
　　② 时勘, 王继承, 李超平. 企业高层管理者胜任特征评价的研究 ［J］. 心理学报, 2002, 34（3）：306 – 311.
　　③ 魏钧, 张德. 国内商业银行客户经理胜任力模型研究 ［J］. 南开管理评论, 2005, 8（6）：4 – 8.
　　④ 王黎萤, 陈劲, 阮爱君. 创新型工程科技人才的胜任力结构及培养 ［J］. 高等工程教育研究, 2008（S2）：21 – 25.
　　⑤ 周霞, 景保峰, 欧凌峰. 创新人才胜任力模型实证研究 ［J］. 管理学报, 2012, 9（7）：1065 – 1070.

经过了一个漫长的演进过程，而过往学者们也为知识价值的研究做出了一定贡献。关于知识价值的研究，在国外最初可追溯到"知识产业"概念的提出。美国经济学家弗里茨·马克卢普（Machlup，1972）在参考二战以来至20世纪60年代初美国社会生产发展和企业结构变化的特点，提出了"知识产业"的概念，并指出知识产业与其他物质产业和服务业有着很大的区别①。后来，著名管理学家德鲁克（Drucker，1968）提出了"知识经济"的概念，他认为知识生产力已成为经济成就的关键，此概念在后来也被各界广泛接受②。美国经济学家贝尔（Bel，1973）认为在后工业社会知识具有重要意义，其实质就是知识经济时代或知识社会，知识指导创新与变革③。美国未来学者托夫勒（Toffler，1980）提出"超工业社会"，并指出未来权力的争夺将围绕知识的分配与机会而展开④。经历了后工业社会后，美国学者奈斯比特（Naisbitt，1982）基于马克思的劳动价值论，首次提出"知识价值论"，他认为在信息社会，知识是最重要的因素，能够推动经济社会的发展⑤。罗默和海勒（Romer & Heller，1983）提出了"新经济增长论"，认为知识是提高投资回报率的重要因素，并对知识经济作出了新的诠释⑥。日本学者界屋太一（1985）以进一步完善知识价值为目的提出了知识价值社会理论，他认为未来的社会将是知识与智慧的社会，即知识智慧创造价值的社会⑦。在国内，王鹏程（1985）提出了"知识价值论初议"，对一些关于知识价值理论

---

① Machlup F. The production and distribution of knowledge in the United States ［M］. Princeton University Press，1972.

② 彼得·德鲁克. 不连续时代 ［M］. 北京：工人出版社，1989.

③ 丹尼尔·贝尔. 后工业社会的来临 ［M］. 上海：商务印书馆，1984.

④ 阿尔温·托夫勒. 第三次浪潮 ［M］. 北京：北京三联书店，1983.

⑤ Naisbitt J. Megatrends：Ten new directions transforming our lives ［M］. New York：Warner Books Inc.，1982.

⑥ Romer D，Heller T. Social adaptation of mentally retarded adults in community settings：A social-ecological approach ［J］. Applied Research in Mental Retardation，1983，4（4）：303 – 317.

⑦ 界屋太一. 知识价值革命 ［M］. 北京：东方出版社，1986.

的前沿问题作出了初步的论述①。陈禹和谢康（1998）对国内外同类研究成果进行了科学归纳，并对知识经济进行了定量与测度研究②。吴季松（1999）对知识经济的概念特点和发展知识经济的对策等内容进行了论述③。赵曙明和沈群红（2000）总结前人的研究，阐述了对知识经济价值的理解，将知识经济与中国科教联系在一起④。陈搏和王苏生（2007）基于知识价值理论，研究了知识价值转换和测度问题，用计量方法对知识价值做出了解释，为社会分配价值提供了理论依据⑤。

纵观国内外研究，大多学者都是结合知识经济或知识产业对知识价值进行了探讨，尽管他们研究内容、研究思路各不相同，但都为知识经济领域的相关研究提供了借鉴。

2. 知识价值的内涵

"价值"来源于拉丁语，在数学上表示函数的输出，在哲学上表示重要程度，在经济学中表示人类劳动⑥。对于知识价值的内涵，国外都是从知识角度展开研究的。1985 年，日本学者界屋太一（1986）对"知识价值"进行了界定，不但提出了"知识价值社会论"，而且将知识价值定义为"用知识与智慧创造出来的价值，被社会所承认，且能够反映社会主观意识和社会结构"⑦。弗里曼和波拉斯基（Freeman & Polasky，1992）认为知识是从事商业

---

① 王程鹏. 知识价值论初议 [J]. 经济学动态，1985（2）：30 – 32.
② 陈禹，谢康. 知识经济的测度理论与方法 [M]. 北京：中国人民大学出版社，1998.
③ 吴季松. 知识经济学 [M]. 北京：北京科技技术出版社，1999.
④ 赵曙明，沈群红. 知识企业与知识管理 [M]. 南京：南京大学出版社，2000.
⑤ 陈搏，王苏生. 知识价值转换与知识价值测度 [J]. 工业技术经济，2007，26（11）：90 – 93.
⑥ Renner W. Human values：A lexical perspective [J]. Personality and Individual Differences，2003，34（1）：127 – 141.
⑦ 界屋太一. 知识价值革命 [M]. 北京：东方出版社，1986.

活动者对生产的理解，逐渐积累的知识能够促进产出的不断增长①。戴维斯（Davis, 1999）将知识价值融入商业中，认为知识价值是在生产活动中体现出来的结果②。野中等（Nonaka et al., 2000）认为知识是可用来共享，能被传输和存储的数据③。托夫勒（Toffler, 1991）认为是知识而非廉价劳动力、是符号而非原材料，体现并增加价值④。20 世纪 80 年代，国内学者开始关注"知识价值"的概念。王久华（1999）基于哲学角度，认为知识价值是知识对人类需要的满足并在实践中促进人类自身发展的价值，是以人作为主体，以知识作为客体所构成的一种价值关系⑤。范领进（2004）认为，作为人类精神产品的知识，知识价值是一种特定的评价关系，具有科学、社会和经济价值⑥。吴瑶（2005）提出知识价值是以一定的智力劳动为基础，由知识生产者用知识和智慧创造性劳动的价值⑦。郭瑛（2009）以企业研发人员为对象探讨创新科技人才知识价值问题，认为知识价值就是促进或阻碍人类发展的作用或关系⑧。徐扬（2012）提出知识价值是指知识改变问题状态的能力，即知识的作用是解决问题，而知识价值反映了知识解决问题能力的大小⑨。

纵观以上研究，学者多数都是从知识、关系或能力角度对知识价值进行了解释。综合上述分析，本章认为知识价值就是以知识作为客体，以人作为主体，运用知识智慧创造性地工作，并能最终促进社会和经济的发展，提升国家的综合实力。简单来说，就是用智慧知识创造出的能够被社会广泛认可

---

① Freeman S, Polasky S. Knowledge-based growth [J]. Journal of Monetary Economics, 1992, 30 (1): 3 – 24.

② Davis S M. Building knowledge into products [M]//Ruggles R, Holtshouse D. The knowledge advantage: 14 visionaries de fine marketplace success in the new economy. Dover: Ernst & Young, 1999.

③ Nonaka I, Toyama R, Konno N. SECI, ba and leadership: A unified model of dynamic knowledge creation [J]. Long Range Planning, 2000, 33 (1): 5 – 34.

④ Toffler A. Powershift [M]. New York: Bantam Books, 1991.

⑤ 王久华. 知识价值的基本内涵 [J]. 经济学文摘, 1999 (6): 47.

⑥ 范领进. 知识价值理论研究 [D]. 长春: 吉林大学, 2004.

⑦ 吴瑶. 论知识的价值 [D]. 大连: 大连理工大学, 2005.

⑧ 郭瑛. 企业研发人员知识价值评价研究 [D]. 南京: 南京航空航天大学, 2009.

⑨ 徐扬. 知识价值及其增值的量化研究 [J]. 情报杂志, 2012, 31 (4): 148 – 152.

的价值。

3. 知识价值的分类

对于知识价值的分类，国内外学者均有研究，但国内学者的观点比较丰富。英国学者波兰尼（Polany，1958）就认为，人有两种类型的知识，一种是以书面文字、图表等表示的知识，另一种是不能用文字图表等表达的知识①。德鲁克（Drucker，1999）依据知识的可传递性，将其分为显性和隐性两种，显性知识可以用正式的系统语言来解释，而隐性知识是不可用语言来解释的②。国内学者隗斌贤等（2000）将知识价值划分为静态与动态两种类型的知识价值，静态知识价值既包括前人和他人积累劳动形成的价值（积累劳动价值），也包括物化劳动中物化智力转移的知识价值，还包括知识生产过程中劳动者创新创造出的价值（劳动主体价值）；动态知识价值指知识产品在转化、应用、交换中所表现出来的价值（知识流通价值）③。范领进（2004）从价值哲学角度把知识价值区分为知识的科学价值、知识的经济价值与知识的社会价值④。李菲菲（2007）通过研究企业知识范围将知识价值分为内部知识和外部知识，其中：内部知识主要包括物化在机械设备上的知识、展现在书本上的经过编码的知识、存储于员工大脑中的知识和固化在企业文化、组织制度和管理形式中的知识；外部知识指各企业组织所拥有的知识，如企业供应商或经销商网络、同行业其他企业网络及政府部门网络中涉及的知识⑤。郭瑛（2009）在探讨企业问题的同时结合学者 Naisbitt 的研究，将知识价值分为显性知识价值（规章制度、数据库、员工心理特征和能力

---

① 迈克尔·波兰尼. 个人知识 [M]. 贵阳：贵州人民出版社，2000.
② 彼得·德鲁克. 知识管理 [M]. 北京：中国人民大学出版社，1999.
③ 隗斌贤，张玉茹，赵金飞. 对知识价值的理论分析与定量研究 [J]. 经济学动态，2000（7）：31 –35.
④ 范领进. 知识价值理论研究 [D]. 长春：吉林大学，2004.
⑤ 李菲菲. 面向知识型企业的知识共享研究 [D]. 西安：西安电子科技大学，2007.

等）、隐性知识价值（工作行为与经验、自信心、企业精神和责任意识等）和知识流通价值（显性与隐性知识产生的经济与社会效益)①。

综合上述学者的观点，本章将知识价值区分为隐性知识价值、显性知识价值与流通知识价值三大类，并界定为：

（1）隐性知识价值，即由隐性知识创造出的价值。隐性知识是指难以用语言文字描述的知识，是储存在人脑中的经验、灵感、诀窍等知识。

（2）显性知识价值，即由显性知识创造出的价值。显性知识是指可以通过一定的方式如语言文字、图表数据或数学公式等描述或表达出来的，能够较容易地转移给他人的知识。

（3）流通知识价值，即知识在流通过程中创造出的价值。知识流通是指员工个人的显、隐性知识与组织的显、隐性知识可以相互转化、实现知识共享。

（四）研究总结及述评

本章首先梳理了国内外关于创新型科技人才的概念并进行了界定，并梳理和分析总结了创新型科技人才的素质特征和相关评价研究；其次对胜任力的定义和胜任力模型研究进行了梳理；最后对知识价值的内涵进行了界定，并探讨了知识价值的分类和研究历程，为后文理论假设模型的构建提供了重要的理论支撑。纵观研究现状，尽管在创新型科技人才评价方面取得了一定的成果，但仍存在着忽视职业道德和社会贡献的现象，以及一些评价指标缺乏实证检验等问题。因此本章在已有文献研究的基础上，以创新型科技人才为对象，以胜任力模型理论和知识价值理论为依据，构建创新型科技人才知识价值评价体系，以期为我国创新型科技人才的评价和培养提供理论依据和可资借鉴的经验。

---

① 郭瑛. 企业研发人员知识价值评价研究［D］. 南京：南京航空航天大学，2009.

三、知识价值评价模型假设

管理学家德鲁克（Drucker，1999）曾提出过知识型员工的概念，即"掌握和运用符号、概念，利用知识和信息工作的人"①。知识价值是用智慧知识创造出的能够被社会广泛认可的价值，也可以说知识型员工运用自身掌握的智慧知识创造具有被认可性的社会和经济价值。知识型员工作为创新研发的重要人员，其工作具有创新性和高流动性，是其胜任力的具体表现特征，而创新科技人才恰恰也需要扎实的基础知识，所以对知识型员工或者创新科技人才来说知识价值是非常重要的，创造知识价值是胜任力的一种要求。因此，知识价值和胜任力之间有着一定的联系。

通过前章节分析和对比我们发现，三类知识价值（隐性知识价值、显性知识价值和流通知识价值）与创新型科技人才的三大素质特征（职业道德、能力素质、业绩贡献）之间存在相应的映射关系，即"隐性知识价值"对应"职业道德"、"显性知识价值"对应"能力素质"、"流通知识价值"对应"业绩贡献"。而且，隐性知识价值、显性知识价值侧重于对人才内在素质和心理因素等潜能的考察，相当于"冰山模型"海平面下的、潜在的鉴别性因子；流通知识价值侧重于对人才外在表现的客观量化评价，相当于"冰山模型"海平面上的、表象的基准性因子。因此，本章根据创新型科技人才的成长规律和素质特征，结合已有科技人才评价指标体系的研究成果，基于胜任力模型理论和知识价值理论，以隐性知识价值、显性知识价值和流通知识价值三个维度为导向，构建创新型科技人才评价假设模型。

---

① 彼得·德鲁克. 知识管理［M］. 北京：中国人民大学出版社，1999.

（一）知识价值评价要素

三个知识价值维度共计八个评价要素。隐性知识价值维度包括职业规范、责任诚信和科学品质三个要素；显性知识价值维度包括心理素质、知识创新和社会实践三个要素；流通知识价值维度包括绩效成果和效益转化两个要素。

1. 隐性知识价值三因素

（1）职业规范。创新型科技人才应具有良好的职业操守和从业规范，热爱祖国，追求真理，对学术科研严谨认真。

（2）责任诚信。创新型科技人才应具有强烈的社会责任和诚信意识，不弄虚作假，不做有害于社会的研究。

（3）科学品质。创新型科技人才应善于打破常规，具有不断追求创新知识的科学精神，敢于标新立异，敢于质疑权威。

2. 显性知识价值三因素

（1）心理素质。创新型科技人才应具有强烈的科研热情、较强的独立性和抗压意志力。

（2）知识创新。创新型科技人才应具有扎实的专业基础知识和敏锐的洞察力，在分析问题、解决问题的过程中能始终从创新的角度去思考并提出创新性见解。

（3）社会实践。创新型科技人才应具有较强的实践能力，遇到难题能运用基础知识和专业能力解决问题，同时能依据科研环境的变化及时调整并很快适应，随机应变。

3. 流通知识价值二因素

（1）绩效成果。新型科技人才应能够在某一领域取得较高的履责绩效和创新成果，价值重大，影响深远。

（2）效益转化。创新型科技人才取得的科研成果应具有双重效益，不仅能够提升经济竞争力，促进经济的发展，同时能够为社会带来福利，推动社会的可持续发展，对创新型国家建设具有实际贡献。

（二）知识价值评价理论模型

知识价值与胜任力有着一定的联系，而对于创新型科技人才来说，能够创造知识价值就是胜任力的一种表现，知识是创新型科技人才的核心，知识价值是评价创新型科技人才的重要基点。所以基于上述分析，本章以知识价值为视角构建了创新型科技人才评价理论模型，如图 4-2 所示。

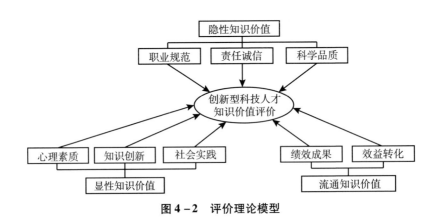

图 4-2　评价理论模型

四、实证分析

问卷调查是数据分析的前提，所以本章通过对创新型科技人才进行初试调查和正式调查，收集相关数据，并采用因子分析法进行数据分析，在前章节构建的评价理论模型基础上设计创新型科技人才评价体系。

（一）问卷设计

1. 调查问卷编制原则

考虑到构建的评价指标体系既要便于操作又要便于使用，所以调查问卷的编制应遵循以下几项原则：

（1）目标性原则。问卷调查的主要目的是为管理决策提供准确信息，因此，在进行问卷设计时必须明确调查主题，并围绕主题设计相应的题项，既要全面系统又要符合一般逻辑，即要坚持从实际出发，明确问题症结，突出调查重点，确保每个题项都能体现出调查的目的。

（2）系统性原则。在设计和选取评价指标时，要确保所有指标具有一定的系统性，应从评价对象的多个方面考虑，对于创新型科技人才知识价值评价指标体系而言，应根据评价的目的，从隐性知识价值、显性知识价值和流通知识价值三个方面去设计。

（3）通俗易懂原则。作为一种应用工具，通俗易懂是必须体现的一项重要原则。因此，问卷设计的每一个题项用词应简明扼要，浅显易懂；最后形成的评价体系的每一项指标应明确具体，能够使调查对象易于理解、轻松作答。

（4）易于处理原则。问卷调查完成后，要便于对收集到的数据信息进行核对，检查数据信息是否准确和实用，要使调查对象的回答便于进行后续的分析和处理，也便于对调查结果进行统计与分析。

2. 调查问卷设计

调查问卷分为两部分，第一部分主要涉及调查对象的个人基本信息，第二部分是问卷题项的具体内容，详细情况如下：

在调查对象个人基本信息部分一共设计了六个题项，依次为性别、工作单位、工作年限、学历、专业技术职务、研究领域。具体来说，性别分为男、女；工作单位分为高校、研究所、科技企业、事业单位、政府机构；工作年限分为 1~2 年、3~5 年、6~10 年、10 年以上；学历或受教育程度分为专科及以下、本科、硕士、博士及以上；专业技术职务分为两院院士、"国家杰出青年基金"获得者、"长江学者奖励计划"获得者、"百人计划"入选者、正高级、副高级、中级及以下；研究领域分为基础研究、应用研究、技术开发、科技管理。

遵循问卷编制原则，首先通过文献研究法梳理、分析学者们的现有研究成果，并结合当前国家对创新型科技人才的评价要求设计题项，经过专家多次征询后进行题项简化合并，最终得出创新型科技人才评价量表（题项用 Ax、Bx、Cx 表示），并形成调查问卷（见附录一）。本章的调查问卷共 25 个题项，所有测试题项均采用李克特五点量表，1~5 分分别表示从"非常不重要"到"非常重要"，具体题项如下：

（1）职业规范：A1 职业操守、A2 从业行为、A3 学术规范。

（2）责任诚信：A4 社会责任、A5 诚信承诺。

（3）科学品质：A6 价值观念、A7 竞争意识、A8 科学精神、A9 创新思维、A10 身体素质、A11 创新品质。

（4）心理素质：B1 心理行为特征、B2 意志力。

（5）知识创新：B3 知识技能特征、B4 创新能力、B5 创新智能素质。

（6）社会实践：B6 实践能力、B7 社会适应能力、B8 管理能力。

（7）绩效成果：C1 工作绩效、C2 创新成果、C3 创新水平、C4 创新影响力。

（8）效益转化：C5 经济效益、C6 社会效益。

3. 问卷发放及回收

本章选取江浙沪主要城市为调研区域，包括南京、苏州、常州、无锡、杭州、宁波和上海，以上述地区的政府机构、研究所、企事业单位和高校等单位的科技人才为调查对象，主要调查从事基础研究、应用研究、技术开发、科技管理等方面的人员，以及他们的工作年限、学历（受教育程度）、技术职务职称等背景。在此基础上，采用问卷星网络和纸质问卷形式进行调查。

本章问卷调查共发放两次，首先选取 300 位创新型科技人才进行初试调查，回收有效问卷 214 份。

（二）初试调查及数据检验

1. 初试调查样本描述

本次调查发放问卷 300 份，剔除无效问卷后回收问卷 214 份，有效回收率为 71.33%。为了解调查对象的基本信息，对有效问卷进行统计，具体数据见表 4 - 4。

表 4 - 4   样本特征

项目	分类	比例（%）
性别	男	59.5
	女	40.5
工作单位	高校	30.0
	研究所	27.0
	科技企业	27.0
	事业单位	10.0
	政府机构	6.0
工作年限	1~2 年	29.0
	3~5 年	16.5
	6~10 年	24.0
	10 年以上	30.5

项目	分类	比例（%）
学历	博士及以上	43.5
	硕士	40.5
	本科	11.5
	专科及以下	4.5
专业技术职务	两院院士、"国家杰出青年基金"获得者、"长江学者奖励计划"获得者、"百人计划"入选者	7.0
	正高级	19.0
	副高级	33.0
	中级及以下	41.0
研究领域	基础研究	32.5
	应用研究	21.0
	技术开发	15.0
	科技管理	31.5

2. 初试调查信度分析

信度分析又可称为可靠性分析，是指对某一对象用同样的方法反复进行测量时，所得结果的一致性程度。本章首先检验问卷总体信度，以保证其稳定性和可靠性。信度测量方法主要分为四种：复本信度法、重测信度法、分半信度法和克伦巴赫（Cronbach）α 信度系数法，本章采用克伦巴赫（Cronbach）α 系数进行测量。一般认为，α 系数在 0.7 ~ 0.8 时问卷信度较好，在 0.8 ~ 0.9 时信度很好，大于 0.9 时信度极佳。

本章运用 SPSS 20.0 软件检验问卷的总信度，结果显示，系数为 0.891 > 0.8，说明通过信度检验，问卷具有很好的内部一致性。

3. 初试探索性因子分析

因子分析，包括探索性因子分析（EFA）和验证性因子分析（CFA），是一套用来简化测量项目、寻找变量背后共同的潜在概念或分析变量间群组关系的统计技术[①]。基本思想是通过找到公共因子，达到降维的目的。

探索性因子分析（EFA）是为了找到影响量表中观测变量的因子数量及各个因子和观测变量之间的关系，以得到观测变量内在的结构维度[②]。进行探索性因子分析前需要先对问卷数据进行 KMO 及 Bartlett 球形检验，从而判断数据是否适合做因子分析。在一般情况下，KMO < 0.5，则数据不适合做因子分析；0.5 < KMO < 0.6，则数据不太适合做因子分析；0.6 < KMO < 0.7，则数据勉强可以做因子分析；0.7 < KMO < 0.8，则数据适合做因子分析；0.8 < KMO < 0.9，则数据很适合做因子分析；KMO > 0.9，则数据非常适合做因子分析。Bartlett 检验主要是考察卡方统计值的显著性概率，如果 Bartlett 检验的 p 值小于 0.01，表明样本数据显著相关，适合进行因子分析。

本章运用 SPSS 20.0 统计软件对初试问卷数据进行 KMO 和 Bartlett 球形检验，得到 KMO = 0.866 > 0.8，球形检验的 χ^2 值为 3339.322，p < 0.001，说明可以做因子分析。在明确样本数据适合做因子分析后，使用主成分分析法，选择 Kaiser 斜交转轴法抽取特征值大于 1 的因子，经过探索，计算出解释总方差如表 4 - 5 所示，并从中萃取到 8 个公共因子，删除了因子载荷低于 0.50 的题项 A9、B8 和 C3，保留 22 个项目作为评价模型的初步指标和要素，最终得出的旋转矩阵如表 4 - 5 所示。转轴后的旋转成分矩阵表中，成分一包含 A1、A2、A3 共 3 个题项，成分二包含 A4、A5 共 2 个题项，成分三包含 A6、A7、A8、A10、A11 共 5 个题项，成分四包含 B1、B2 共 2 个题项，成

[①] 邱皓政. 量化研究与统计分析——SPSS（PASW）数据分析范例解析 [M]. 重庆：重庆大学出版社，2013.

[②] 吴明隆. 问卷统计分析实务：SPSS 操作与应用 [M]. 重庆：重庆大学出版社，2010.

分五包含 B3、B4、B5 共 3 个题项，成分六包含 B6、B7 共 2 个题项，成分七包含 C1、C2、C4 共 3 个题项，成分八包含 C5、C6 共 2 个题项。8 项共同因子名称分别为职业规范、责任诚信、科学品质、心理素质、知识创新、社会实践、绩效成果、效益转化。

表 4-5　　　　　　　　　　初试调查解释总方差

成分	初始特征值			旋转平方和载入		
	合计	方差的百分比（%）	累计百分比（%）	合计	方差的百分比（%）	累计百分比（%）
1	8.204	32.816	32.816	5.096	20.383	20.383
2	2.902	11.606	44.422	3.819	15.278	35.660
3	1.810	7.241	51.662	3.526	14.104	49.764
4	1.429	5.715	57.378	1.510	6.041	55.805
5	1.248	4.994	62.371	1.248	4.993	60.798
6	1.124	4.495	66.866	1.227	4.908	65.706
7	0.982	3.928	70.795	1.112	4.449	70.155
8	0.936	3.744	74.539	1.096	4.383	74.539

注：提取方法——主成分分析法。

吴明隆（2010）认为当样本数量达到 150 个时，选取的因子载荷在 0.30 以上即可[①]。基于表 4-6 数据可知，所有因子载荷值都大于 0.5，累积解释达到 74.539%，8 个因子能够解释指标变量的大部分变差，与理论构想相吻合，量表具有较好的结构效度。

———————————

① 吴明隆. 问卷统计分析实务：SPSS 操作与应用 [M]. 重庆：重庆大学出版社，2010.

表 4－6 因子载荷矩阵

题项	成分							
	1	2	3	4	5	6	7	8
A1	0.846							
A2	0.848							
A3	0.814							
A4		0.861						
A5		0.852						
A6			0.703					
A7			0.632					
A8			0.852					
A10			0.723					
A11			0.831					
B1				0.832				
B2				0.605				
B3					0.874			
B4					0.853			
B5					0.723			
B6						0.832		
B7						0.859		
C1							0.724	
C2							0.902	
C4							0.551	
C5								0.859
C6								0.914

（三）正式调查及数据检验

1. 正式调查样本描述

将个人基本信息和上述保留的 22 个题项组成问卷（见附录二）进行正式调查，本次调查共发放问卷 451 份，剔除无效问卷后回收问卷 300 份，有效回收率为 66.52%。同样，在进行正式调查分析前先对样本进行统计描述，具体见表 4 - 7。

表 4 - 7　　　　　　　　　　样本特征

项目	分类	比例（%）
性别	男	60.63
	女	39.37
工作单位	高校	35.00
	研究所	14.00
	科技企业	28.00
	事业单位	18.00
	政府机构	5.00
工作年限	1～2 年	59.90
	3～5 年	16.34
	6～10 年	15.35
	10 年以上	8.41
学历	博士及以上	51.00
	硕士	37.00
	本科	12.00
	专科及以下	0
专业技术职务	两院院士、"国家杰出青年基金"获得者、"长江学者奖励计划"获得者、"百人计划"入选者	11.00
	正高级	18.00
	副高级	37.00
	中级及以下	34.00

续表

项目	分类	比例（%）
研究领域	基础研究	36.00
	应用研究	27.00
	技术开发	20.00
	科技管理	17.00

2. 正式调查信度分析

运用 SPSS 20.0 软件对正式调查问卷的信度进行检验，其中有效观察值为 300 个，题项 22 项。通过统计软件计算得出问卷的 Cronbach's α 值为 0.932 > 0.9，表明问卷的信度很高。

3. 正式探索性因子分析

通过初试调查，本章得出创新型科技人才评价量表包括 8 个评价要素和 22 个题项，下面将进行进一步检验，具体分为两个步骤：第一步是运用 SPSS 20.0 进行探索性因子分析，第二步是运用 AMOS 21.0 建立 SEM 模型进行验证性因子分析。

本章先对问卷数据进行 KMO 和 Bartlett 球形检验，从而判断数据是否适合做因子分析。结果显示得到 KMO = 0.926 > 0.9，球形检验的 χ^2 值为 3683.347，p < 0.001，说明可进行因子分析。所以本章采用主成分分析法，通过最大方差法进行斜交旋转，得到表 4 - 5 和表 4 - 6 数据结果。从表 4 - 8 和表 4 - 9 结果可以看出，各因子载荷都大于 0.5，累积解释达到 76.689%，因子划分较为清晰，说明这 8 个因子可以作为创新型科技人才评价要素，剩下的 22 个题项可以组成创新型科技人才评价的正式量表。

表 4 - 8　　　　　　　　　　正式调查解释总方差

成分	初始特征值			旋转平方和载入		
	合计	方差的百分比（%）	累计百分比（%）	合计	方差的百分比（%）	累计百分比（%）
1	9.334	42.428	42.428	3.173	14.425	14.425
2	1.807	8.213	50.642	3.145	14.295	28.720
3	1.554	7.064	57.706	2.598	11.808	40.527
4	1.073	4.878	62.584	2.268	10.309	50.837
5	0.977	4.440	67.024	1.924	8.747	59.584
6	0.770	3.499	70.523	1.826	8.302	67.886
7	0.692	3.144	73.667	1.051	4.776	72.661
8	0.665	3.022	76.689	0.886	4.028	76.689

表 4 - 9　　　　　　　　　　因子载荷矩阵

题项	成分							
	1	2	3	4	5	6	7	8
A1	0.705							
A2	0.775							
A3	0.610							
A4		0.672						
A5		0.793						
A6			0.612					
A7			0.683					
A8			0.736					
A10			0.588					
A11			0.835					
B1				0.758				
B2				0.731				
B3					0.771			
B4					0.751			
B5					0.676			

续表

题项	成分							
	1	2	3	4	5	6	7	8
B6						0.705		
B7						0.698		
C1							0.838	
C2							0.542	
C4							0.710	
C5								0.811
C6								0.930

注：提取方法——主成分分析法；旋转法——具有 Kaiser 标准化的正交旋转法；旋转在 7 次迭代后收敛。

4. 正式验证性因子分析

验证性因子分析是对探索性因子分析的进一步完善，具体如表 4 - 10 所示。

表 4 - 10 拟合指标适配标准

指数类型	拟合指标	适配标准
绝对适配度值数	χ^2/df（卡方自由度比）	NC < 1，模型过度适配 NC > 3，模型过度不佳 1 < NC < 3，模型适配良好
	RMSEA（渐进残差均方根）	RMSEA > 0.10，模型适配度欠佳 0.05 < RMSEA < 0.08，模型适配性良好
	RMR（残差均方和平方根）	RMR < 0.05，模型适配度较好
相对适配度指数	NFI（规准适配指数）	大于 0.90，越接近 1 适配度越好
	CFI（比较适配指数）	大于 0.90，越接近 1 适配度越好
	RFI（相对适配指数）	大于 0.90，越接近 1 适配度越好
	IFI（增值适配指数）	大于 0.90，越接近 1 适配度越好
	TLI（非范适配指数）	大于 0.90，越接近 1 适配度越好

（1）一阶验证性因子分析。

基于样本数据，运用 AMOS 21.0 软件建立斜交模型进行验证性因子分析。结果显示，主要的拟合指数 χ^2/df、RMSEA、NFI、CFI、IFI 等不是很理想。因此进一步进行模型修正，经过多次探索，删除因子负荷较小的 5 个题项 A6、A7、A10、B5 和 C4，最终构建出由 17 个题项 8 个因子组成的一阶斜交模型，如图 4-3 所示。修正后的主要拟合指数接近理想指标，如表 4-11 所示，各因子负荷量均大于 0.6，表明模型的拟合情况较为理想。

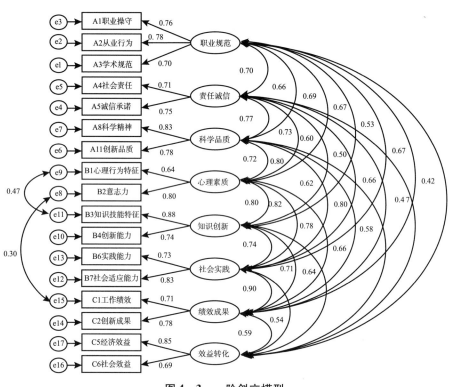

图 4-3 一阶斜交模型

表 4 - 11 一阶模型整体拟合度检验

指标分类	拟合指标	适配标准	数据结果	适配判断
绝对适配度指标	χ^2/df	$1 < NC < 3$	2.110	是
	RMSEA	$0.05 < RMSEA < 0.08$	0.061	是
	RMR	$RMR < 0.05$	0.041	是
相对适配度指数	NFI	$NFI > 0.90$	0.937	是
	CFI	$CFI > 0.90$	0.965	是
	RFI	$RFI > 0.90$	0.903	是
	TLI	$TLI > 0.90$	0.947	是
	IFI	$NFI > 0.90$	0.966	是

（2）高阶验证性因子分析。

一阶验证性因子分析证实了量表中的 17 个题项与模型的 8 个因素具有较好的适配性，为了验证这 8 个因素是否从属于更高一阶的因子，本章对模型进行高阶验证性因子分析。结果表明，8 个初阶因素从属于更高一阶的因子，即隐性知识价值、显性知识价值、流通知识价值 3 个高阶因子，且 3 个高阶因子又同属于创新型科技人才知识价值评价这一构念（见图 4 - 4）。

由图 4 - 4 及表 4 - 12 中数据显示，各题项因子负荷量均大于 0.6，主要拟合指数接近理想指标，表明模型整体拟合度较好，因此，以隐性知识价值、显性知识价值和流通知识价值对创新型科技人才进行评价的构思得到验证。

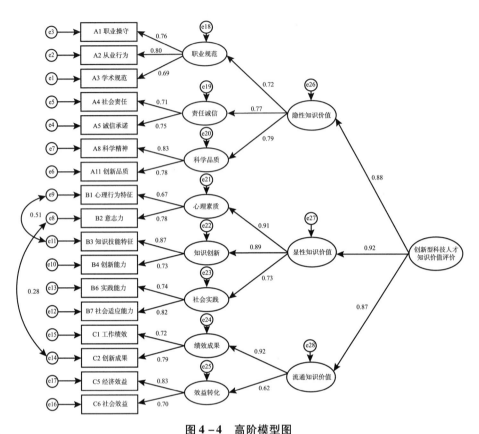

图 4 - 4　高阶模型图

表 4 - 12　　　　　　　　　高阶模型整体拟合度检验

项目	绝对适配度指标			相对适配度指数				
	χ^2/df	RMSEA	RMR	NFI	CFI	RFI	TLI	IFI
指标值	2.142	0.062	0.047	0.925	0.958	0.902	0.945	0.959

　　在验证性因子分析阶段，除了对模型的整体适配性进行检验之外，还应该检验模型的内部适配性。对内部适配性的检验本章主要依据项目质量、组合信度和变异萃取量 3 个指标。

　　首先，关于项目质量。项目质量的高低一般依据因子负荷量及其残差值来辨别。题项的因子负荷量越高，说明其聚敛效度越好；社会科学研究编制的量表，当因子负荷量大于 0.5 时说明题项具有良好水平。其次，关于组合信度。组合信度是测量变量被潜在变量解释的百分比，当组合信度达到 0.6 表明测量模型较为稳定。最后，关于变异萃取量。变异萃取量是指潜在变量能够被一组观察变量有效估计的聚敛程度指标，当变异萃取量大于 0.5 表示潜在变量的聚敛效果较好。

由表 4 – 13 结果可以看出，各因子负荷量均大于 0.5，各潜变量的组合信度也都大于 0.6，变异萃取量均高于 0.5，所以高阶模型的项目质量较好，聚敛效度也较好，因此模型通过内部质量检验。

表 4 – 13   高阶模型内部适配度检验

维度	因素	题项	因素负荷量 λ	残差	组合信度 Pc	变异萃取量 Pv
隐性知识价值	职业规范	A1	0.755	0.42	0.626	0.556
		A2	0.795	0.34		
		A3	0.691	0.58		
	责任诚信	A4	0.714	0.47	0.708	0.548
		A5	0.747	0.41		
	科学品质	A8	0.830	0.33	0.770	0.627
		A11	0.777	0.44		
显性知识价值	心理素质	B1	0.669	0.54	0.687	0.525
		B2	0.784	0.42		
	知识创新	B3	0.874	0.25	0.766	0.622
		B4	0.733	0.54		
	社会实践	B6	0.736	0.64	0.707	0.548
		B7	0.818	0.36		
流通知识价值	绩效成果	C1	0.717	0.52	0.697	0.535
		C2	0.791	0.47		
	效益转化	C5	0.831	0.37	0.704	0.545
		C6	0.705	0.62		

五、研究结论、理论贡献与展望

(一) 研究结论

本章通过文献研究，以胜任力模型理论和知识价值理论为基础，构建了基于知识价值的创新型科技人才评价理论假设模型，并通过问卷调查，运用 SPSS 20.0 统计软件进行探索性因子分析，运用 AMOS 21.0 统计软件进行验证性因子分析检验结构方程模型，最终确立了以知识价值为导向的创新型科技人才评价体系。

1. 创新型科技人才知识价值评价理论假设模型

首先，本章通过文献梳理和分析，并结合胜任力模型理论和知识价值理论构建了创新型科技人才评价理论假设模型，该模型包括隐性知识价值的职业规范、责任诚信和科学品质，显性知识价值的心理素质、知识创新和社会实践，流通知识价值的绩效成果和效益转化。在创新型科技人才评价假设模型基础上，构建了创新型科技人才评价量表包括：3个一级指标——隐性知识价值、显性知识价值和流通知识价值、8个二级指标——职业规范、责任诚信、科学品质、心理素质、知识创新、社会实践、绩效成果和效益转化，以及17个三级指标。

其次，运用主成分分析法进行因子分析，获得创新型科技人才的8个共同因子，即职业规范、责任诚信、科学品质、心理素质、知识创新、社会实践、绩效成果和效益转化，并证实了该模型提出的8个评价要素是可行的。在进行验证性因子分析时，通过一阶和高阶模型检验得出，各项因子负荷量均大于0.5，各项拟合指标均达到标准，说明模型具有可适性，本书模型假设成立。

2. 创新型科技人才知识价值评价体系

本章通过文献研究和问卷调查，并进行实证分析，验证了创新型科技人才知识价值评价理论模型，从而说明在该理论模型上确立的评价指标体系具有一定的实证基础和理论依据，基于上述分析，本章最终构建基于知识价值的创新型科技人才评价体系，具体如表 4 – 14 所示。

表 4 – 14　　　　　　　基于知识价值的创新型科技人才评价体系

类别	一级指标	二级指标	量表题项
基于知识价值的创新型科技人才评价	隐性知识价值	职业规范	职业操守
			从业行为
			学术规范
		责任诚信	社会责任
			诚信承诺
		科学品质	科学精神
			创新品质
	显性知识价值	心理素质	心理行为特征
			意志力
		知识创新	知识技能特征
			创新能力
		社会实践	实践能力
			社会适应能力
	流通知识价值	绩效成果	工作绩效
			创新成果
		效益转化	经济效益
			社会效益

（二）理论贡献

本章通过实证研究最终构建了基于知识价值的创新型科技人才评价体系，

旨在对创新型科技人才进行综合全面评价，丰富了创新型科技人才相关评价研究成果，也为其人才评价提供了理论指导。具体表现为：

（1）本章从知识价值角度出发构建创新型科技人才评价体系，重视知识价值的作用，将知识价值与创新型科技人才评价融合在一起，在一定程度上丰富和拓展了创新型科技人才与知识价值方面的研究，为其后续探讨提供了较有价值的理论参考。

（2）本章基于我国创新型科技人才评价的现状问题，针对性构建评价指标体系，重视职业道德、能力素质和业绩贡献的评价，在一定程度上纠正了重数量轻质量，重头衔轻贡献以及忽视职业道德评价的片面观念，在规范创新型科技人才评价上具有一定的理论贡献。

（三）研究启示与建议

创新型科技人才是推动社会经济发展和创新型国家建设的关键因素，为深入贯彻落实党的十九大提出的人才强国战略，激发人才创新活力，充分发挥人才评价指挥棒作用，结合上述研究成果，本章提出以下几点建议，希望能为创新型科技人才的评价和培养管理提供参考。

（1）突出创新型科技人才的隐性知识价值（职业道德）评价，纠正过去"成果至上"的人才评价思想。

在以往的科技人才评价中大多数人普遍重视科研成果，在他们看来，成果是创新型科技人才评价的重要指标，对于人才职业道德的重要性却没有重视。作为一名合格的创新型科技人才，科研成果固然重要，但是良好的职业规范和道德品质更能体现一名科技人才的价值，也是党的十九大新时期人才发展的要求。所以，应该把职业道德评价纳入评价体系中，纠正过去"成果至上"的评价思想。具体来说，第一，优先对创新型科技人才的隐性知识价值（职业道德）进行评价，树立"职业道德大于成果至上"的评价意识，加强对人才职业道德规范的评价考核。可以在每一年度组织进行创新型科技人才道德品质评比考核，通过评比选出和表彰道德模范人才，树立榜样并激励所有人才努力提升自身道德品质。第二，倡导诚实守信，强化社会责任，完善创新型科技人才评价诚信体系，建立学术诚信监督与惩戒制度，对科研项目完成度与真实性、学术质量等方面进行全方位监督，抵制不良学术风气，从严治理学术不端行为。第三，加强对创新型科技人才科学品质的评价，科学品质是创新型科技人才的优秀特征之一，通过组织相应的培训课程或讲座，向人才们灌输正向的科研意识，将学员与优秀人才进行对比，通过榜样的力量激励和培养科技人才的创新意识和科学精神。

（2）强化创新型科技人才的显性知识价值（能力素质）评价，改变过去"重学历轻能力、重显能轻潜能"的做法。

将创新型科技人才的显性知识价值（能力素质）评价细化为心理素质、知识创新和社会实践三个方面，不仅要重视人才心理素质、知识能力的评价，更注重对解决重大科学问题的实践能力的评价，以促进创新型科技人才的全面发展，适应我国人才强国战略的需要。第一，注重创新型科技人才心理素质的评价培养，定期咨询创新型科技人才的心理状况并进行适当疏导，提高他们抗压抗挫的意志能力。第二，重视创新型科技人才知识创新的评价和培养，即通过知识教育培训构建专业的科学知识体系，增加人才自身的知识积累，提升自身的知识文化素养，在掌握各类专业知识的基础上进行创新能力的培养，以广博的科学知识促进创新能力的提升。第三，创新型科技人才的评价和培养应更多重视其实践能力和适应能力，可以在有条件的情况下开设一些科研项目，让更多的创新型科技人才积极参与这些科研项目并进行考核评价，尤其是青年科技人才和高层次的科技人才，他们是国家科技发展的重要力量，应该给予更多的机会参与其中，通过这些项目的实践锤炼，逐步提高解决实际问题的能力。此外，对创新型科技人才来说，除了心理素质和知识创新能力，在极强的压力下，能否在快速变化的社会环境中适应并应对、妥善处理各种情况也愈发变得重要。所以，可以经常模拟不同的社会环境，将创新科技人才投身到各种不同类型、不同环境下的科研活动中，让他们在不同的环境下进行科学研究，主动了解各种学科发展动态，让他们的思维时刻紧跟时代的发展步伐，并根据他们的表现进行评价，旨在提高他们的社会适应能力。第四，针对以往存在的"重显能轻潜能"问题，建立创新型科技人才潜能开发机制，对具有专业性和创新性的科技人才进行"精准"引导和培训，努力挖掘潜力，培养人才的创新发展潜能。

（3）重视创新型科技人才的流通知识价值（业绩贡献）评价，克服过去"重资历轻业绩、重头衔轻贡献"的倾向。

在以往对创新型科技人才的评价中，过于重视科研人员的身份地位和产出的数量，忽视了业绩贡献和成果的质量，片面强调形式主义而不重视研究成果能否真正带来现实效益。所以要解决上述问题，就要改变过去片面的评价观念，以科研质量和价值贡献为导向，具体包括两个方面。第一，重视创新型科技人才的产出质量而非数量，鼓励创新型科技人才作出具有创新性、前瞻性甚至颠覆性的高质量、高影响力的科研成果，以此作为工作业绩考核和评价的标准之一，也可邀请国内外同行专家对其成果进行多次评判，对具有重大突破的科研成果给予奖励，而对于质量不高的科研成果，也应当给予一定程度的鼓励，以有效解决产出质量低下的问题。第二，对创新型科技人才的评价，绩效成果固然重要，但是否能够带来经济和社会效益更为重要。具体来说，就是要更加注重创新型科技人才科研成果的转化价值，坚持市场和社会的评价导向，尤其是那些应用型的创新科技人才，要将他们的创新成果推向市场和社会，并建立市场和社会评价机制，通过市场和社会的评判，了解其科研成果是否具有效益，是否能够为经济和社会带来正向效益，重点考察其成果对经济技术和社会发展的实际贡献，并对科研人员的工作奉献精神进行评价，尊重人才，支持人才，鼓励科研人员积极投身科研创新活动中，为我国科研和社会发展多做贡献，使他们的创新成果能够为经济和社会带来更多的效益价值，以有效解决转化效率不足的问题。

（四）研究局限与展望

在我国，目前对于创新型科技人才的评价，大多数学者依然坚持科研数量和身份头衔等原则，忽视了职业道德、社会贡献等评价。所以，针对以上问题，本章以胜任力模型和知识价值理论为研究基础，构建了以知识价值为导向的创新型科技人才评价体系，拓展了我国创新型科技人才评价的相关研究，也为我国创新型科技人才的培养和评价提供了参考。但由于知识能力和时间的有限，本章仍然存在一些不足之处，需要进一步完善。

第一，由于资源和时间有限，问卷调研的样本容量并不多，调研的地区也只是浙江沪部分主要城市，所以样本的全面性不是很好。所以，在后续的研究中，可以适当扩大调研范围，从"北上广""江浙沪"延伸到其他城市，进一步扩大样本量以提升调研的全面性。

第二，本章虽然构建了创新型科技人才的评价理论模型，并最终形成创新型科技人才评价量表体系，但是并没有对各级评价指标赋予具体的权重，因此在后续的研究中，在实证分析的基础上，对创新型科技人才评价指标进行定量化研究，即采用适当的量化计算方法，对各级评价指标赋予具体的权重值，便于对创新型科技人才进行应用测评。

第三，在以往的研究中，很多学者都将创新型科技人才进行了分类，比如基础理论型、应用研究型和技术研发型人才，思维创新型、应用能力型和领导型科技人才，而本章则是以宏观层面上的创新型科技人才为对象构建评价体系，并没有进行分类细化研究，因此在以后的研究中，针对不同领域、不同类型的人才，可以进行分类研究，为我国创新型科技人才的评价和培养等环节提供更为完善、更具有针对性地指导，以落实党的十九大新时期的人才发展战略。

第五章

创新型科技人才多元评价系统的应用

——以成果转化类人才为例①

　　知识经济时代，知识成为创新的重要来源，而人才是创新的主体，创新驱动实质上是人才驱动。人才资源作为第一资源已成为科技竞争、经济竞争乃至国力竞争的关键。习近平总书记在2016年科技创新大会上提出，我国要成为世界科技强国，首先要培养一批能够引领世界科技发展大势和科技发展方向的创新型科技人才。党的十九大报告进一步强调："人才是实现民族振兴，赢得国际竞争的战略资源。加快建设人才强国，就是要培养一批具有国际水平的战略科技人才、科技领军人才、青年科技人才和高水平创新团

---

① 杨月坤，周丽娟. 成果转化类创新型科技人才评价研究 [J]. 领导科学，2019（6）：67－71.

队"。《国家中长期人才发展规划纲要（2010—2020 年）》（2010 年）明确提出要改进科技人才评价激励机制[①]、《关于分类推进人才评价机制改革的指导意见》（2018 年）进一步提出要建立科学的人才分类评价机制[②]，而《关于实行以增加知识价值为导向分配政策的若干意见》（2016 年）明确要求，要客观科学公正地评价科技人才创造的科学价值、技术价值、经济价值和社会价值，构建体现增加知识价值的收入分配机制[③]。人才评价是创新型科技人才队伍建设的重要组成部分，充分发挥人才评价的"指挥棒"和"风向标"作用，是激发创新型科技人才施展才华的重要前提。因此，构建一套基于知识价值的、科学合理的创新型科技人才分类评价指标体系对于统筹科技人才建设和推动实施人才强国战略都具有重要意义。

虽然目前也有学者开展了创新型科技人才的分类评价研究，例如，赵伟等（2013）采用因子分析法构建了包含 6 个一级指标、13 个二级指标、40 个三级指标的基础研究类创新型科技人才评价指标体系[④]。又如，李瑞等（2017）运用因子分析方法构建了包括 6 个一级指标、16 个二级指标、47 个三级指标的工程技术类高层次创新型科技人才评价指标体系[⑤]，但现有研究仍存在许多不足：一是评价指标的提出多是通过文献调研而来，没有经过反复验证，致使评价体系缺乏科学性；二是评价指标体系的各项指标赋权不明晰，致使评价体系缺乏操作性。针对上述问题，本章基于分类评价视角，依据创新型科技人才多元评价系统，以成果转化类创新型科技人才为调查对象，

---

① 国家中长期人才发展规划纲要（2010—2020 年）[EB/OL]. http：//www. gov. cn/jrzg/2010 – 06/06/content_1621777，2010 – 06 – 06.

② 关于分类推进人才评价机制改革的指导意见 [EB/OL]. http：//www. gov. cn/zhengce/2018 – 02/26/content_5268965，2018 – 02 – 26.

③ 关于实行以增加知识价值为导向分配政策的若干意见 [EB/OL]. http：//www. gov. cn/zhengce/2016 – 11/07/content_5129805，2016 – 11 – 07.

④ 赵伟，包献华，屈宝强，等. 创新型科技人才分类评价指标体系构建 [J]. 科技进步与对策，2013，30（16）：113 – 117.

⑤ 李瑞，吴孟珊，吴殿廷. 工程技术类高层次创新型科技人才评价指标体系研究 [J]. 科技管理研究，2017，37（18）：57 – 62.

在文献调研和专家访谈的基础上构建了成果转化类创新型科技人才评价指标体系，旨在为创新型科技人才的分类评价提供决策依据。

第一节　引　言

随着信息科学技术的高速发展，当今世界已经步入知识经济时代。人才资源作为第一资源已成为各国提高综合国力的关键，短缺的高层次创新型科技人才作为无比短缺的资源更是成为各国争先引进的对象，现今世界各国已逐渐将培养和引进高层次创新型科技人才列入国家发展规划之中。《国家中长期人才发展规划纲要（2010—2020 年）》（2010 年）明确了我国创新型科技人才今后十年的培养目标，即以"增强自主创新能力、构建创新型发展国家，培养高层次科技人才"为重心，努力造就一批世界领先的技术人员、科学家和高质量的创新团队，打造一支宏伟壮大的高层次创新科技人才队伍。《关于深化体制机制改革加快实施创新驱动发展战略的若干意见》（2015 年）强调我国要始终如一地贯彻实施人才优先发展战略，尊重人才的价值和贡献，坚持把人才队伍建设放在自主创新的首要地位，调动人才的积极性、主动性和创造性，充分激发全社会的创新参与意识。习近平总书记在科技创新大会上指出，我国要成为世界科技强国的首要前提是要培养一批能够指引世界科技发展趋势和科技发展方向的创新型科技人才，党的十九大报告进一步强调：人才作为实现民族复兴和增强国际竞争力的重要条件，必须要加快建设人才强国战略，要努力培养具有世界领先水平的科技人才和高水平创新团队人才。

科技人才评价作为我国人才管理建设的重要构成部分，充分发挥人才评价的"指挥棒"作用，是人才展现才华的重要前提。最近几年来，党和政府高度重视科技人才评价的相关工作，连续密集地颁布了若干有关科技人才评价方面的重要文件，其中影响较大的有：2016 年 3 月，中共中央办公厅印发了《关于深化人才发展体制机制改革的意见》，2017 年初颁布了《关于深化职称制度改革的意见》，习近平总书记强调，要将人才资源视作战略资源，并对人才评价工作提出了一系列重要思想和指导，其中特别要求党的领导干部要加强人才选拔能力的培养。国务院于 2018 年 7 月又特地刊发了《关于深化项目评审、人才评价、机构评估改革的意见》，明确强调对于新时代的人才评价工作，要充分了解当前我国人才结构呈现的多元化特点，着力解决我国过去人才评价工作中存在的评价标准单一、评价方法落后、评价过程"官本位"、评价手段趋同等问题。

我国人才结构日益呈现专业化、层次化和复杂化的特点，对人才科学分类是保证人才评价指标设置科学、评价过程合理和评价结果真实的基础。2018 年 2 月，中共中央办公厅刊发的《关于分类推进人才评价机制改革的指导意见》提出，构建一个符合中国现实情况的人才分类评价机制，对于树立正确的用人导向、发挥人才的创新积极性以及有效实施人才强国战略都有不可忽视的重要作用。因此，本章基于分类评价视角，以成果转化类创新型科技人才作为具体研究对象，运用知识价值理论和胜任力模型理论，在文献调研和专家访谈的基础上构建并检验成果转化类创新型科技人才评价指标体系，最后通过层次分析法确定了各级评价指标的相对权重，旨在为培养和引进成果转化类创新型科技人才提供理论参考和决策依据。

一、研究目的

科技成果转化是科技人才进行科技创新的重要内容，只有将科技人才的科技成果及时有效地转化、推广和应用，才能发挥其对经济社会发展的贡献价值。然而，要提高科技人才的科技成果转化率，就必须充分调动创新主体的工作积极性，而人才评价是调动科技人才积极性、主动性和创造性的"风向标"和"指挥棒"。因此，本章基于分类评价视角，运用知识价值理论和胜任力模型理论，在对成果转化类创新型科技人才文献调研和专家访谈的基础上，构建了成果转化类创新型科技人才评价指标体系，并通过 216 位科技人才的问卷调查，检验了成果转化类创新型科技人才评价指标体系的科学性和合理性，最后运用层次分析法量化了各级评价指标的相对权重，以期为评价和培养成果转化类创新型科技人才提供建议。

二、研究意义

（一）理论意义

理论方面，本章在创新型科技人才的理论研究和科技成果转化的系列法规的基础上明确了成果转化类创新型科技人才的具体概念和特征，通过对成果转化类创新型科技人才的评价标准、评价方法以及评价指标体系等相关内容的阐述，构建了比较系统的理论体系，本章的研究将丰富和完善创新型科技人才评价的相关理论知识。此外，本章基于分类评价视角，以成果转化类创新型科技人才为研究对象，并基于知识价值理论和胜任力模型理论构建了成果转化类创新型科技人才评价指标体系，为培养、引进和评价成果转化类创新型科技人才提供了参考。

（二）实践意义

实践方面，本章运用层次分析法量化了成果转化类创新型科技人才的指标权重，研究结果有助于科技人才重视科技成果转化产生的经济效益和社会效益，促进广大科技人才积极地、有目标地朝着成果转化的科研方向努力，以此促进我国科技成果转化率的进一步提高。此外，本章的研究完善并丰富了成果转化类创新型科技人才评价指标体系，为培养年轻一代科技人才的成果转化能力提供了参考，也为评价和使用成果转化类创新型科技人才提供了理论指导，同时对推动经济发展和提高社会效益以及制定人才发展战略都具有重要而深远的现实意义。

三、研究内容

本章首先对成果转化类创新型科技人才的概念、特征及相关理论进行梳理，然后基于文献调研法初步确定职业道德、能力素质和业绩贡献作为一级指标，职业规范、科学创新、价值情感、智能素质、能力结构、创新表现和效益转化作为二级指标，并结合胜任力模型理论和知识价值理论将 3 个一级指标转化为隐性知识价值、显性知识价值和流通知识价值。其次，在初始评价指标体系的基础上，运用专家访谈法进一步对初始评价指标体系进行优化，最终构建了包含隐性知识价值、显性知识价值和流通知识价值在内的 3 个一级指标、7 个二级指标和 25 个三级指标的成果转化类创新型科技人才评价指标体系，并将由指标体系构成的调查问卷采用线上调查和线下调查的方式对相关领域的相关人员展开调查，利用因子分析法检验了成果转化类创新型科技人才评价指标体系的信度和效度。最后，运用层次分析法计算了各级评价指标的相对权重。结果表明，成果转化类创新型科技人才作为我国科技人才队伍建设的重要对象之一，要重视对其科研成果产出价值的评价，在坚持科学评价的同时，要以成果转化类创新型科技人才的知识价值为导向，重视成果转化人才的成果转化率，注重科研成果的现实转化价值和市场现实效益，以引导成果转化人才研发出具有应用性和前瞻性的科研成果。

四、研究方法

（一）文献调研法

本章首先在整理人才、科技人才、创新型人才和创新型科技人才等相关文献的基础上确定了成果转化类创新型科技人才的概念和特征；然后根据权威性、相关性原则检索成果转化类创新型科技人才评价指标的相关文献，通过对先前学者的研究进行梳理归类，初步确定了成果转化类创新型科技人才评价指标体系。

（二）专家访谈法

在评价指标体系的初步构建阶段，评价指标的选取主要是通过文献调研而来，本章通过专家访谈进一步对初始评价指标体系进行优化，根据专家们的访谈意见，本章删除了操作性不强的指标，合并了内容存在交叉的指标，同时还增加了专家们认为更有价值的新的指标，最终确定了本章的成果转化类创新型科技人才评价指标体系。

（三）统计分析法

本章通过运用 SPSS 22.0 软件对由成果转化类创新型科技人才评价指标编制而成的调查问卷进行实证检验，包括信度分析、效度分析以及因子分析等，检验了成果转化类创新型科技人才评价指标体系的科学性和合理性。

（四）层次分析法

运用层次分析法确定了成果转化类创新型科技人才各级评价指标的权重，为评价、培养和引进成果转化类创新型科技人才提供参考。

五、研究创新点

（一）研究视角创新

本章将成果转化类创新型科技人才作为研究对象，基于分类评价视角构建了成果转化类创新型科技人才评价指标体系，该评价指标体系包含隐性知识价值、显性知识价值和流通知识价值 3 个一级指标，以及 7 个二级指标，即职业规范、科学创新、价值情感、智能素质、能力结构、创新表现和效益转化。通过因子分析法实证检验了该指标体系的科学性和合理性。本章构建的成果转化类创新型科技人才评价指标体系，是对第四章创新型科技人才评价体系的进一步检验，同时也是对创新型科技人才分类评价的一次尝试，有利于丰富和拓展现有的创新型科技人才评价理论，突破以往人才评价标准"一刀切"的局限性，为培养、引进和使用创新型科技人才提供理论参考和决策依据。

（二）学术思想创新

创新驱动发展战略背景下，有关创新型科技人才的研究逐渐增多，但通过梳理文献发现，关于知识价值理论和创新型科技人才评价的相关研究较少。本章基于知识价值理论和胜任力模型理论，创造性的研究发现成果转化类创新型科技人才的 3 个一级评价指标与 3 类知识价值存在一定的映射关系，即"隐性知识价值"与"职业道德"相映射、"显性知识价值"与"能力素质"相映射、"流通知识价值"与"业绩贡献"相映射，并且隐性知识价值和显性知识价值类似于胜任力模型中的鉴别性胜任力，重视对人才内在心理素质的考评，而流通知识价值类似于胜任力模型中的基准性胜任力，最终构建了成果转化类创新型科技人才评价指标体系。

第二节　文献综述

一、创新型科技人才的理论研究

（一）创新型科技人才的定义

随着社会的快速发展，人才的作用日渐突出，有关创新型科技人才的研究也随之受到了专家学者们的重视。对于这一人才的概念，专家学者们基于自身的角度都有不同的理解，但迄今为止专家学者们仍然没有达成概念层面的共识。和创新型科技人才较为相近的是人才、科技人才和创新型人才。结合国内外学者的研究成果，本章先对人才、科技人才和创新型人才几个概念加以梳理，以逐步提升对创新型科技人才内涵的理解和把握。

（1）人才。有关人才的定义，目前学术界的说法很多。例如，叶忠海（2005）提出人才是指在某一特定条件下，凭借其创造性劳动对社会或社会某个方面的发展，做出重要贡献的人[①]。赵恒平和雷卫平（2003）认为人才是指那些具有良好的综合素质，并通过其创造性劳动，对经济发展和社会进步产生较大影响的人[②]。邹绍清和罗洪铁（2008）认为人才普遍具有较好的素质条件，并通过某些创造性劳动成果，促进社会发展和推动人类进步[③]。《国家中长期人才发展规划纲要（2010—2020 年)》（2010 年）中，将人才定义为"掌握扎实的专业知识和熟练的专业技能，并凭借个人能力进行创造性生产劳动，对经济发展和社会发展做出突出贡献的人，是人力资源中各方面比较突出的劳动者"。

（2）科技人才。对于科技人才的定义，学者左汉宾（2004）提出具体是指那些可以参与或有机会参与的、促进科技知识和科技成果产生和发展的一线人才[④]。屈宝强等（2016）将科技人才定义为在实际的生活或工作中直接或间接参与高水平的科技创新活动的人，主要有工程师、技术人员以及科学家等[⑤]。封铁英（2007）在总结前人观点的基础上，认为科技人才具体指那些包含高尚的思想品德，掌握牢固的科学理论知识和熟练的专业技能，同时

---

① 叶忠海. 高层次科技人才的特征和开发［J］. 中国人才，2005（17）：25 – 26.
② 赵恒平，雷卫平. 人才学概论［M］. 武汉：武汉理工大学出版社，2003：13.
③ 邹绍清，罗洪铁. 试论创新型人才价值［J］. 中国人才，2008（23）：12 – 14.
④ 左汉宾. 湖北科技人才调研报告［J］. 科技进步与对策，2004，21（11）：41 – 43.
⑤ 屈宝强，彭洁，赵伟. 我国科技人才信息管理的现状及发展［J］. 科技管理研究，2016（10）：154 – 159.

在某个行业有一定突破和贡献的杰出工作者①。

（3）创新型人才。学者李俊卿和胡甲刚（2001）基于创新的定义，指出创新型人才具体是指那些能够打破人们常规看法，并通过分析总结已有的数据和资料、能够实现一定突破和创新的高层次科技人才，同时自身拥有一些比较难得的个性特征，包括创新意识、创新能力等②。朱晓妹等（2013）在总结国内外学者关于人才和创新的研究基础上，指出可根据创新型人才的创新素质、实践活动和工作绩效三个角度去定义创新型人才的概念，并总结出了创新型人才的三个特征，主要包括价值、素质和能力③。周晓东和陈南（2001）认为可根据人才所处的社会环境，将其定义为在现实工作中通过自身的创造性劳动给经济和社会带来巨大影响的人。在人才定义的基础上，他们提出创新型人才和一般型人才的主要区别在于其取得的创造性科技成果，创新型人才通常具有创新精神、创新人格和创新能力的特征④。任飚和陈安（2017）认为创新型人才具备普通人才不具有的素质特征，在这些特征的基础上，创新型人才去发现问题、分析问题和解决问题，并能够在现实工作中有所突破和创新，从而取得创造性成果的人才⑤。

（4）创新型科技人才。有关创新型科技人才的内涵，廖志豪（2010）指出，创新型科技人才通常具备优良的科研素质和较高的科研能力，他们能够在现有的理论成果和技术成果的基础上取得突破性进展，并凭借其科研成就为经济发展和社会进步做出突出贡献⑥。吴欣（2015）指出创新型科技人才是指那些专业知识比较扎实、研发能力、管理能力以及开发创造能力等各方

---

① 封铁英. 科技人才评价现状与评价方法的选择和创新［J］. 科研管理，2007（S1）：30－34.
② 李俊卿，胡甲刚. 创新型人才简论［J］. 教学与管理，2001（22）：9.
③ 朱晓妹，林井萍，张金玲. 创新型人才的内涵与界定［J］. 科技管理研究，2013（1）：153－157.
④ 周晓东，陈南. 关于创新型人才的思考［J］. 科技进步与对策，2001（2）：111－112.
⑤ 任飚，陈安. 论创新型人才及其行为特征［J］. 教育研究，2017（1）：149－153.
⑥ 廖志豪. 创新型科技人才素质模型构建研究——基于对87名创新型科技人才的实证调查［J］. 科技进步与对策，2010，27（17）：149－152.

面能力素质都比较优秀的人才，他们积极参与科研实践创新活动，为科技进步和人类发展发挥了作用①。黄小平（2017）指出创新型科技人才是指具有一定创造力，并在某个学科领域内有重大科研成果和做出重要创新贡献的人才②；王立朴（2017）提出创新型科技人才是指那些具有独特的思维意识和创造性解决问题的能力的人，他们同时还拥有无私的奉献精神，求真务实的工作作风以及扎实的专业知识和专业技能③。

基于上述学者们对创新型科技人才的整理分析，认为创新型科技人才是指在科学技术领域长期从事科技创新活动，具有高尚的职业道德，较强的能力素质，能够为科技发展和社会进步做出突出业绩贡献的人才。

（二）创新型科技人才的分类

关于创新型科技人才的分类，目前学术界还没有形成统一的意见。不同的学者基于不同的角度有不同的分类。张玉岩和王蒲生（2006）认为创新型科技人才可划分为三类：第一，原始创新型科技人才。原始创新型科技人才根据个人活动的目的进行创新，如科学家从事科学理论研究的目的是提高科技生产力。第二，集成创新型科技人才。集成创新型科技人才将已有的科技成果和相对比较成熟的科学技术进行再加工和再组合，形成新的综合性创新成果。集成创新在原始创新的基础上实现再一次的创新，是科技进步和社会发展导致的社会分工逐步细化的结果。第三，消化吸收再创新型科技人才。消化吸收再创新具体是指在学习、理解、消化和吸收前人研究成果的基础上对相关研究成果的再改进和再创新，是比原始创新和集成创新更科学、更先

---

① 吴欣. 高层次创新型科技人才评价指标体系研究［J］. 信息资源管理学报，2014，4（3）：107 - 113.

② 黄小平. 五因子素质结构模型构建及其对我国高校创新型科技人才培养的启示［J］. 复旦教育论坛，2017，15（3）：54 - 60.

③ 王立朴. 基于多维绩效观的创新型科技人才评价体系构建［D］. 天津：天津商业大学，2017.

进的一种创新活动①。

王路璐（2010）认为，可根据创新型科技人才的不同评价标准分类。按人才的科技成果数量、带来的经济效益和社会效益可划分为普通型、拔尖型和杰出型创新型科技人才；按在企业中担任的具体职位可划分为科研类人才、技术型人才和管理类人才，分别代表科学家、工程师和企业家；按在社会实践活动中的地位和在科技创新活动中的环节可划分为基础型人才和研发型人才②。

吴江（2011）从以下两个角度对创新型科技人才进行分类：第一，分别从创新型科技人才的工作职称、获奖等级、科研项目以及科研成果类别进行分类。根据创新型科技人才的工作职称可分为杰出青年基金获奖者、百人计划入围者和两院院士；根据创新型科技人才的获奖等级可分为省级科技进步奖、国家科技进步奖以及国家自然科学奖；根据科技人才参与的科研项目可分为国家自然科学基金或社会科学基金的重大项目负责人，国家重点实验室、重点学科、科学技术研究中心的科研骨干；从科研成果转化情况分为在影响力较大的权威期刊上以第一作者的身份发表有价值的论文、在技术型企业中有知识产权并在产业化方面有重大突破的科技人才。第二，从创新型科技人才的素质特征和影响其发展的角度可划分为思维型人才、领导型人才、弥补型人才、专业知识型人才和应用能力型人才③。彭云和余小平（2013）基于团队研发和团队创新的角度将创新型科技人才划分为三类，包括团队领导型科技人才、弥补型科技人才和知识创新型科技人才④。

赵伟等（2013）在界定人才概念的基础上，认为创新型科技人才作为人

---

① 张玉岩，王蒲生. 自主创新型科技人才培养模式专业博士的视角［J］. 中国科技论坛，2006（6）：106－110.

② 王路璐. 企业创新型科技人才成长环境研究［D］. 哈尔滨：哈尔滨工程大学，2010.

③ 吴江. 尽快形成我国创新型科技人才优先发展的战略布局［J］. 中国行政管理，2011（3）：11－16.

④ 彭云，余小平. 科研创新团队人才评价与遴选［J］. 中国高校科技，2013（8）：78－79.

才的其中一类，对创新型科技人才分类也应该建立在人才分类的基础上，传统意义的人才划分主要有两类。一类是按照人才的自身素质特征划分。包括按照不同年龄阶段可划分为老年、中年以及青年科技人才；按照人才的自身能力高低和科研成果价值将科技人才划分为一般型、拔尖型、杰出型以及领军型科技人才；等等。另一类是按照科技人才社会活动分工的不同进行划分，包括科研领域致力于科学研究活动的科技人才，分布在医药、农业、工业等不同学科在内的科技人才，以及工作于体制内外的科技人才。此外，赵伟等（2013）还根据创新型科技人才所处的社会活动分工的具体环节和自身的经济条件将创新型科技人才分为创新创业类科技人才、技术开发类创新型科技人才和基础研究类创新型科技人才[1]。王贝贝（2013）在相关文献研究的基础上重新界定了创新型科技人才的概念并据此将创新型科技人才分为三大类：基础理论研究类、应用研究类和技术研发类[2]。盛楠等（2016）在人才强国战略和创新驱动发展战略的背景下，并结合创新型科技人才的定义，将科技人才分为科技创业型人才和科技创新型人才[3]。李良成和于超（2018）结合相关创新政策和技术生命周期将创新型科技人才分为基础研究类人才、工程技术类人才和创新创业类人才[4]。

本章基于个体创新行为理论，遵循科技人才成长规律和学术发展规律，在前述对创新型科技人才内涵的界定并综合上述分类观点的基础上，依据创新型科技人才在社会实践活动中所处的地位和在科技创新活动中所处的环节，将创新型科技人才分为哲学社会科学人才和自然科学人才，其中自然科学人

---

① 赵伟，包献华，屈宝强，等. 创新型科技人才分类评价指标体系构建 [J]. 科技进步与对策，2013（16）：113 – 117.

② 王贝贝. 创新型科技人才特征：结构维度、相互影响及其在评价中的应用 [D]. 南京：南京航空航天大学，2013.

③ 盛楠，孟凡祥，姜滨，等. 创新驱动战略下科技人才评价体系建设研究 [J]. 科研管理，2016，37（S1）：602 – 606.

④ 李良成，于超. 基于内容分析法的广东省科技创新人才开发政策研究 [J]. 科技管理研究，2018，38（5）：49 – 56.

才又分为基础研究人才、应用研究人才、技术开发人才和成果转化人才。

二、成果转化类创新型科技人才的理论研究

（一）成果转化类创新型科技人才的定义

自然科学人才是指在自然学科或相关学科专业知识扎实和技能突出的人才，主要包括基础研究人才、应用研究人才、技术开发人才和成果转化人才。《国家中长期人才发展规划纲要（2010—2020 年)》（2010 年）提出，要将大力培养和造就创新型科技人才放在人才队伍建设的首要地位，而成果转化类创新型科技人才更是人才队伍建设的重点对象。

近年来，科技成果转化问题受到了国内外学者的普遍关注[1][2]。为了促进我国科技成果转化工作的快速发展，国家制定了一系列的法律条文旨在促进科技成果转化工作的开展，如全国人大常委会颁布实施了《中华人民共和国科学技术进步法》（2007 年）和《中华人民共和国促进科技成果转化法》（2015 年），教育部实施了《高等学校知识产权保护管理规定》（1999 年），国家知识产权局联合教育部颁布了《关于进一步加强高等学校知识产权工作的工期若干意见》（2004 年）等，这些法律意见充分体现了国家政府对科技成果转化工作的高度重视。但是直到现在，我国的科技成果转化依然面临着巨大的困难，著名学者张华胜（2006）认为我国科技成果转化工作发展缓慢的影响因素不仅包括政策和机制，人才的评价和培养因素更是不容忽视[3]。现有的人才文献中有关成果转化人才的研究寥寥无几，本章通过对科技成果、科技成果转化和科技成果转化能力概念的一一梳理逐步理解成果转化类创新

---

① 夏炎. 科技成果管理工作的定位和目标 [J]. 科学学与科学技术管理, 2000 (8): 46-48.
② 石善冲. 科技成果转化评价指标体系研究 [J]. 科学学与科学技术管理, 2003 (6): 31-33.
③ 张华胜. 中国制造业技术创新能力分析 [J]. 中国软科学, 2006 (4): 15-23.

型科技人才的概念。

（1）科技成果。目前还没有学者对科技成果的概念给出准确定义，《科技成果评价试点暂行办法》中明确提出科技成果具体是指科技人才在经过一系列探讨、调研、实践、检验等活动的基础上，总结出在某个领域内具有理论价值或实践价值的新工艺或新产品等，并通过一系列科学技术检测得到社会的普遍肯定和认可。由上述定义可总结得出科技成果的三个特征：一是价值性，价值型特征要求科技成果能带来一定的经济效益和社会效益，并以此促进科学技术进步，推动人类社会发展；二是创造性，创造性特征要求科技成果是由相关科研人员通过创造性思维提出的新方案、新产品或新技术；三是科学性，科学性特征要求科技成果必须经过相关专业人员的反复观察、实践和检验所获得。

（2）科技成果转化。在检索了国外有关科技成果转化的相关信息后，发现国外几乎不存在有关科技成果转化的说法，相关研究大都采用"技术创新""技术转化""科技成果市场化"等相关性词语进行替代说明，造成这种现象的原因主要是因为国外科研人员进行科学研究工作大多都来自现实工作和生活的需要，他们的科研行为普遍都存在一定的商业目的。我国采用科技成果转化这一说法是因为我国在计划经济体制下，科技成果的管理和研发分别是由相互独立的企业和科研单位合作完成，在此基础上产生了成果生产方和转化方，也就有了科技成果转化这一词。《促进科技成果转化法》认为科技成果转化是指为了提高现有社会生产力而对科学技术开发所创造的具有现实价值的科学技术成果所进行的一系列开发、试验、推广、应用直到形成新的材料、新的工艺、新的产品和新的产业等。

（3）科技成果转化能力。科技成果转化人才作为科技成果转化的主导因素，是科技成果转化过程中的主体，其科研能力直接影响其进行科研创新活动的效率，成果转化能力的强弱更是直接关系到成果转化率的高低。科技成果转化人才进行科技成果转化不仅需要扎实的理论知识作为基础，还需具备较强的预测能力和洞察力，能够充分了解市场、及时发现市场变化并捕捉发展机会。

因此，本章基于上述分析，并结合创新型科技人才的概念，将成果转化类创新型科技人才定义为在已有的科研成果基础上，通过不同的有效方式将其转化为生产力的人才。他们将理论知识与现实问题相结合，以异于常人的思维和方法将科技成果实现完美转化，为促进经济发展和社会进步做出突出贡献。

（二）成果转化类创新型科技人才的特征

与其他种类的创新型科技人才相比，成果转化类创新型科技人才通常具有以下三个特征：一是个性行为特征。表现为对科研工作始终充满热情和信心，勇担责任和风险，具有较强的抗压力和挫折耐受性。二是基本素质特征。表现为具有扎实的专业功底和熟练的技能，良好的决策和管理能力，丰富的创新及研发产品的经验。三是职业行为特征。表现为对本学科未来发展具有较强的洞察力和预测能力，研究成果具有较强的市场属性，有明确的应用背景，能对经济社会发展产生直接影响。

（三）成果转化类创新型科技人才的相关研究

关于成果转化类创新型科技人才的相关研究，学者们主要从评价标准、评价方法和评价指标体系三个方面进行。

（1）成果转化类创新型科技人才评价标准。有关成果转化类创新型科技人才评价标准的研究，学者们主要从实证和非实证两个角度展开。王广民和林泽炎（2008）基于问卷调查的方法，确定了高层次创新型科技人才的胜任因素，通过分析发现，这些人才普遍具有较强的合作精神、创新精神以及奉献精神①。杨茂森（2006）指出创新型科技人才的评价标准主要包括六个维

---

① 王广民，林泽炎. 创新型科技人才的典型特质及培育政策建议——基于 84 名创新型科技人才的实证分析 [J]. 科技进步与对策，2008，25（7）：186－189.

度：创新的理论知识、创新的个人技能、创新的实践活动、创新的思维意识、创新的独立人格以及创新的个人意志①。林瑞（2008）认为创新人格、创新品质以及创新能力是创新型科技人才应该拥有的个性特征②。雷莉（2017）认为评价创新型科技人才的标准应该包括坚持不懈的精神、广博的知识体系、创造性思维和解决问题的能力四个方面③。王路璐（2010）基于多个角度分析了创新型科技人才的评价标准，主要包括乐观的想法、广泛的知识面、独立人格以及创新思维等④。韩利红（2012）将创新型科技人才的素质特征归纳为四个方面：心理特征、行为特征、素质能力和绩效特征，其中绩效特征是最关键的特征⑤。王养成和赵飞娟认为创新型科技人才的评价标准主要包括四个：创新支撑、创新调节、创新智能和创新激励⑥。吴欣（2015）在创新型科技人才概念的基础上，认为创新型科技人才的素质包括四个方面，主要有创新意识、独立性、专业能力和综合分析能力⑦。任飏和陈安（2017）认为创新型科技人才应该具备以下素质：持续学习的态度、发现问题解决问题的能力、完善的人格、理性思考以及注重细节等⑧。

（2）成果转化类创新型科技人才评价方法。有关成果转化类创新型科技人才的评价方法，学者们主要运用层次分析法、模糊综合评价法、熵权法、因子分析法等。丁月华（2011）基于问卷调查和专家访谈构建了创新型人才

① 杨茂森. 创新型人才的六大特征［J］. 中国人才，2006（13）：8.
② 林瑞. 论创新型人才之素质特征［J］. 中国人才，2008（19）：28 - 29.
③ 雷莉. 创新型科技人才培育的 SWOT 分析［J］. 黑龙江教育学院学报，2017，36（4）：4 - 6.
④ 王路璐. 企业创新型科技人才成长环境研究［D］. 哈尔滨：哈尔滨工程大学，2010.
⑤ 韩利红. 河北省创新型科技人才竞争力评价与提升对策［J］. 河北学刊，2009（4）：227 - 229.
⑥ 王养成，赵飞娟. 基于 3Q 的四维度创新型科技人才素质模型［J］. 科技进步与对策，2010，27（18）：149 - 153.
⑦ 吴欣. 高层次创新型科技人才评价指标体系研究［J］. 信息资源管理学报，2014，4（3）：107 - 113.
⑧ 任飏，陈安. 论创新型人才及其行为特征［J］. 教育研究，2017（1）：149 - 153.

评价指标体系，并运用层次分析法计算了各级评价指标的权重①。陈苏超和薛晔（2014）等运用模糊层次分析法确定了高层次科技人才评价指标，并通过 MATLAB 软件对构建的模糊神经网络模型进行了编程②。李良成和于超（2018）利用因子分析法构建了包含环境、投入、资源和绩效四个因素的创新型科技人才竞争力评价指标模型③。盛楠等（2016）在创新驱动发展战略背景下，结合我国的现实需求，在专家访谈和德尔菲法的基础上确定了科技人才的评价指标④。王成军等（2016）以陕西青年科技人才为研究对象，运用数据包络分析和灰色关联分析，对创新型科技人才的工作效率进行评价⑤。韩丽红（2009）采用专家评判法和算术平均法构建了包含环境、投入和产出三方面的创新型科技人才竞争力评价模型⑥。张洪燕（2012）通过熵值法构建了高层次人才评价指标体系，并运用结构方程模型对指标体系进行了实证分析⑦。徐源和薛惠锋（2011）从创新型人才的基本特征角度出发，利用层次分析法构建了创新型人才的评价指标体系⑧。雷忠（2011）建立了高层次人才战略绩效模糊综合评价模型，并构建了高层次人才绩效评价指标体系⑨。

① 丁月华. 基于层次分析法的创新型人才评价体系 ［J］. 中北大学学报（社会科学版），2011，27（2）：42–45.

② 陈苏超，薛晔. 基于模糊神经网络的高层次创新型科技人才的评价 ［J］. 太原理工大学学报，2014，45（3）：420–424.

③ 李良成，于超. 基于内容分析法的广东省科技创新人才开发政策研究 ［J］. 科技管理研究，2018，38（5）：49–56.

④ 盛楠，孟凡祥，姜滨，等. 创新驱动战略下科技人才评价体系建设研究 ［J］. 科研管理，2016，37（S1）：602–606.

⑤ 王成军，宋银玲，冯涛，等. 基于 GRA-DEA 模型的创新型科技人才开发效率评价研究——以陕西省青年科技新星计划为例 ［J］. 科技管理研究，2016（4）：75–80.

⑥ 韩利红. 河北省创新型科技人才竞争力评价与提升对策 ［J］. 河北学刊，2009（4）：227–229.

⑦ 张洪燕. 基于熵值法和 SEM 的高层次外贸人才评价指标体系研究 ［D］. 镇江：江苏科技大学，2012.

⑧ 徐源，薛惠锋. 基于层次分析法的创新型人才评价指标体系研究 ［J］. 价值工程，2011，8（7）：244–247.

⑨ 雷忠. 高层次人才绩效模糊综合评价研究 ［J］. 武汉理工大学学报，2011（3）：505–508.

（3）成果转化类创新型科技人才评价体系。早期学者们对评价指标体系的研究，主要是基于定量角度进行，普遍比较重视创新型科技人才的科研产出，如论文专著的数量、专利知识产权以及科研奖项等，忽视了创新型科技人才的道德素质和科研成果的长期效益等隐性长期的因素。随着有关创新型科技人才评价指标体系的深入研究，学者们构建的评价指标体系逐渐从定量的角度转向定量和定性相结合的角度，更加系统和完善。胥效文等（2005）以道德素质、能力水平和业绩贡献作为一级指标构建了高层次科技人才评价指标体系，并通过模糊综合评价法检验了指标体系的合理性①。李光红和杨晨（2007）运用层次分析法构建了高层次人才竞争力评价模型，包括心智成熟、素质特征、知识水平、能力结构和业绩贡献②。

通过对上述文献的整理可以发现，虽然有关创新型科技人才评价的相关研究很丰富，但是鲜有学者针对成果转化类创新型科技人才评价指标体系展开深入探究，而且现有研究仍存在诸多不足：首先，分类评价标准"一刀切"，致使评价体系的研究对象缺乏具体针对性；其次，现有的评价指标大多都是通过前人的研究总结得出，没有经过实证方法的反复验证，使得评价指标体系缺少一定的科学性；最后，大多评价指标体系的各项指标赋权不明晰，致使评价体系缺乏操作性。针对上述问题，本章以成果转化类创新型科技人才作为具体的分析对象，运用知识价值理论和胜任力模型理论，在文献调研和专家访谈的基础上，构建了成果转化类创新型科技人才评价指标体系，并通过因子分析法检验了评价指标体系的科学性和合理性，最后运用层次分析法量化了各级评价指标的权重。

---

① 胥效文，邓正宏，郑玉山. 基于模糊评判的人才评测系统的研究与设计 [J]. 微电子学与计算机，2005（3）：236 – 238.

② 李光红，杨晨. 高层次人才评价指标体系研究 [J]. 科技进步与对策，2007，24（4）：186 – 189.

三、胜任力模型理论

（一）胜任力的定义

本章在整理和分析有关胜任力的相关文献中发现，国内外学者关于胜任力的研究非常丰富。国外研究中，美国著名教授麦克利兰（McClelland，1973）首次提出了"胜任力"的概念，他认为个体要想在所处的工作岗位上取得突出成就，除了需要掌握扎实的专业知识和技能外，还需具备一些深层次特征，如态度、动机和价值观等[①]。L. M. 斯宾塞和 S. M. 斯宾塞（Spencer & Spencer，1993）指出胜任力是一个人所具有的潜在特质，长期稳定存在于个人的性格深处[②]。卡姆等（Kamm et al.，1990）认为胜任力是人们在工作时必须具备的资格条件或内在能力，可以通过不同的行为方式在工作中表现出来[③]。哈珀（Harper，2008）认为胜任力是满足个人职业长期良好发展的基本特征[④]。国内研究中，陈万思（2005）基于个人职业生涯纵向发展的角度，提出了发展性胜任力，具体是指促进个人职位上升的必要条件，包括知识、技能、态度、价值观等[⑤]。仲理峰和时勘（2003）基于个体行为角度将胜任力定义为显性的、可看见的、能识别的，促进个体取得优秀绩效

---

① McClelland D C. Testing for competence rather than for intelligence [J]. American Psychologist, 1973, 28 (1): 10 – 14.

② Spencer L M, Spencer S M. Competence at work: Models for superior performance [M]. New York: John Wiley & Sons, 1993.

③ Kamm J B, Shuman J C, Seeger J A, et al. Entrepreneurial teams in new venture creation: A research agenda [J]. Entrepreneurship Theory and Practice, 1990, 14 (4): 7 – 17.

④ Harper D A. Towards a theory of entrepreneurial teams [J]. Journal of Business Venturing, 2008, 23 (6): 613 – 626.

⑤ 陈万思. 纵向式职业生涯发展与发展性胜任力——基于企业人力资源管理人员的实证研究 [J]. 南开管理评论, 2005 (6): 17 – 23.

的某种行为①。李明斐和卢小君（2004）认为胜任力是区分优秀任职者与普通任职者的主要特征，它还可以预测员工将来的工作表现②。王重鸣和陈民科（2002）认为胜任力是指能够区分绩效普通者和绩效优秀者的个人特征，从高到低划分为五个层次，分别是技能、知识、自我概念、特质和动机③。

（二）胜任力模型研究

胜任力模型具体指任职者为成功完成某项工作任务所需具备的各项胜任因素的集合。国内外学者在胜任力定义的基础上，研究了不同行业不同领域任职者的胜任力模型。

在国外有关胜任力模型研究中，美国学者哈耶斯（Hayes，1979）通过文献调研和行为事件访谈研究得出，作为一名出色的企业家应该具备五个方面的特征，包括专业知识、职业成熟水平、心智成熟水平、人际关系成熟水平和能力成熟水平④。茨威尔（Zwell，2001）通过定性和定量研究得出银行的工作者需要具备五项胜任因子，包括人际交往能力、资源、毅力、包容心和工作积极性⑤。刘易斯（Lewis，2002）以酒店经理作为调研对象，通过行为事件访谈法得出了酒店经理的胜任力模型，包括专业能力、沟通能力、适应能力、观察力、自我约束、恒心和果断、工作热情、自信、自我意志、好奇心、知识积累、团队合作精神、创新精神、目标驱动⑥。博亚特兹（Boyatzis，1982）以2000多名管理人员为研究对象进行实证分析，总结得出管理者通用的胜任力模型，

① 仲理峰，时勘. 胜任特征研究的新进展 [J]. 南开管理评论，2003（2）：4-8.

② 李明斐，卢小君. 胜任力与胜任力模型构建方法研究 [J]. 大连理工大学学报（社会科学版），2004，25（1）：28-32.

③ 王重鸣，陈民科. 管理胜任力特征分析：结构方程模型检验 [J]. 心理科学，2002（5）：513-516.

④ Hayes B. The competency dom model [J]. Journal of Public Personnel Management，1979，10（22）：43-62.

⑤ Zwell M. Alook at bank's chief competencies [J]. US Banker，2001（7）：60-61.

⑥ Lewis M. Identifying a competence model for hotel managers [M]. Boston University，2002.

包括判断力、坚持、逻辑思维、工作责任感、口头表达能力、积极主动性、环境适应能力和自我控制能力等①。杜莱维茨和赫伯特（Dulewicz & Herbert, 1999）以公司经理为调研对象，总结得出公司经理的 12 个胜任力特征②。比诺和塔布斯（Bueno & Tubbs, 2004）在已有的管理者胜任力模型基础上做了更进一步的探究和挖掘，得出了新的管理者胜任力模型，包括学习能力、协调能力、沟通能力、创造能力、敏锐程度和人际交往 6 个胜任力特征③。

在国内有关胜任力模型研究中，时勘等（2002）等基于事件访谈法和问卷调查法构建了管理人员胜任力模型，并通过实证检验的方式对模型进行了修正和改进④。唐华茂和林原（2018）以应急管理专业的人才为对象展开调研，通过因子分析法和结构方程模型构建并检验了包括个人特征、知识水平、能力特征和价值观的应急管理专业人才的胜任力结构模型⑤。赵伟等（2012）基于个体创新行为理论，并结合创新型科技人才的定义，构建了创新型科技人才的胜任力模型，主要包括管理能力、影响力、创新技能、创新动机、创新能力和创新知识 6 个方面⑥。刘兴凤和张安富（2018）通过专家访谈和调查问卷的形式构建了理工科高校老师的胜任力结构特征，包括个人特征、个人知识、个人能力和个人素质 4 个特征⑦。陈万思和赵曙明（2010）通过调查问卷、360 度访谈和行为事件访谈法，构建了人力资源人员胜任力结构模型，包括技能、性格、

---

① Boyatzis R E. The competent manager: A model for effective performance [M]. New York: Willey, 1982.

② Dulewicz V, Herbert P. Predicting advancement to senior management form competencies and personality data: A 7-year follow-up study [J]. British Journal of Management, 1999, 10 (12): 13 – 22.

③ Bueno C M, Tubbs S L. Identifying global leadership competence: An exploratory study [J]. Journal of American Academy of Business, 2004 (5): 80 – 87.

④ 时勘，王继承，李超平. 企业高层管理者胜任特征模型评价的研究 [J]. 心理学报, 2002 (3): 306 – 311.

⑤ 唐华茂，林原. 应急管理专业人才胜任力模型实证研究 [J]. 中国行政管理, 2018 (6): 116 – 121.

⑥ 赵伟，林芬芬，彭洁，等. 创新型科技人才评价理论模型的构建 [J]. 科技管理研究, 2012, 32 (24): 131 – 135.

⑦ 刘兴凤，张安富. 高校工科教师胜任力的研究——模型构建与实证分析 [J]. 高等工程教育研究, 2018 (1): 154 – 158.

公正、意志力、责任心、管理能力、应变能力等 18 项胜任力素质①。李建忠
（2013）以工程型创新型科技人才作为调研对象，通过编制调查问卷的方法
实证分析得到包括学习能力、实践能力、分析能力、创新能力、科学知识、
工程精神 6 个特征，为评价和培养工程型创新型科技人才提供了指导②。朱
珣（2018）通过行为事件访谈法构建了银行客户经理胜任力结构模型，包括
专业知识、专业技能、自我实现、团队合作能力、市场拓展能力和自我约束
能力③。

　　虽然国内外关于胜任力模型的研究非常丰富，但是最受国内外学者普遍
认可和接受的是"冰山模型"④ 和"洋葱模型"⑤。"冰山模型"认为任职者
成功完成任务的核心胜任力包括知识、技能、特质、动机、社会角色和自我
概念，它们共同组成的胜任力结构就像漂浮在海洋里的冰山。知识和技能等
因素显现在海平面以上，容易通过培训和学习而形成，属于基准性胜任力；
特质、动机、社会角色和自我概念隐藏在海平面以下，难以直接观察和测量，
须根据具体的行为特征才能判断出来，属于鉴别性胜任力。"洋葱模型"从
其他的角度阐述了任职者胜任力构成要素的基本特征，它按照难易程度将任
职者的胜任力由内而外划分为三个层面：最外一层是知识和技能，易于识别
和测量，属于外显胜任力；中间一层是价值观、态度、社会角色与自我概念，
属于中间胜任力；最里面一层是潜在胜任力，包括动机和特质。

　　基于上述分析可以看出，有关胜任力模型研究已经涉及不同行业、不同领

---

　　① 陈万思，赵曙明. 中国最佳雇主人力资源总监胜任力模型研究 ［J］. 管理学报，2010，7
（9）：1308 – 1315.

　　② 李建忠. 内蒙古资源型企业工程科技人才胜任力模型构建 ［J］. 科技管理研究，2013，33
（5）：119 – 122.

　　③ 朱珣. 基于胜任力模型的 A 银行 F 支行客户经理培训体系构建 ［D］. 泉州：华侨大学，2018.

　　④ McClelland D C. Testing for competence rather than for intelligence ［J］. American Psychologist，
1973，28（1）：10 – 14.

　　⑤ Spencer L M，Spencer S M. Competence at work：Models for superior performance ［M］. New York：
John Wiley & Sons，1993.

域和不同岗位。虽然已有学者对创新型科技人才胜任力模型展开研究，但鲜有学者对成果转化类创新型科技人才进行具体分析，因此本章以"冰山模型"为基础，以成果转化类创新型科技人才为对象构建相应的胜任力结构模型。

四、知识价值理论

（一）知识价值的演变

知识经济时代，由知识产生的价值逐渐成为经济和社会发展的重要来源，国内外关于知识价值的研究经过了一个漫长的发展和演变过程。国外关于知识价值的研究，最早可追溯到 20 世纪 60 年代"知识产业"概念的提出，后来经过"知识经济""后工业社会""超工业社会""知识价值论""新经济增长理论""知识价值社会的理论"的多轮演进和变化，"知识经济"一词才被社会各界广泛接受，并引起了社会对知识经济的热烈讨论。1996 年，世界经济合作与发展组织提出了知识经济的定义和性质，这是人类历史上第一次正式提出知识经济。国内关于知识价值的研究起步较晚，20 世纪 80 年代国内学者开始关注"知识价值"的概念，90 年代以后，学者们对"知识经济"进行了具体的理论分析和定量研究，包括"知识价值理论研究""知识价值的量化研究""知识管理"等，不仅揭示了"知识价值"的本原，而且开始关注"知识价值"的测度和计量。

（二）知识价值的定义

在国外有关知识价值的研究中，美国学者约翰·奈斯比特（Naisbitt，1982）于 1982 年最早在《大趋势》一书中提出"知识价值论"的定义，即"在信息经济社会的发展过程中，价值的增长是通过学习知识来实现的，而不是通过生产劳动来实现的"。他指出，知识是人类社会发展的驱动力和重要源泉，也是信息技术社会发展最重要的因素。在未来的社会发展中知识价值论必然会取代劳动价值论①。美国加州大学教授罗默和海勒（Romer & Heller, 1983）于1983年发表论文提出了"新经济增长理论"，并认为知识是经济社会发展的重要生产要素，可以最大化地实现个人和企业的投资回报率②。1985年日本学者界屋太一正式出版《知识价值革命》一书，在该书中他提出了知识价值社会的理论③，并认为人类的知识和智慧所创造出来的价值（即知识价值）将最大程度地促进经济社会的发展。

国内学者主要从两个角度对知识价值展开研究。第一，从哲学角度。王久华（1999）认为，知识价值是知识在满足人们生产需要的过程中产生的价值④。现代科学价值理论指出，知识作为客体，个人作为主体共同构成知识价值的结构体系。换句话说也就是，知识价值的客体和主体相互作用、相互联系，在这一过程中他们互相满足对方所需要的功能和属性，即知识价值是知识客体与知识主体之间的统一状态。第二，从经济学角度。李鹏程（1997）提出，知识价值作为一种比较特殊的资源，具有较为特殊的价值。该研究认为：知识作为人类社会的一种智慧结晶，具有一定的学术价值；知识作为社会发展的一种科学资料，具有一定的使用价值；知识作为人类社会的一种特殊产品，具有一定的交换价值。学术价值和使用价值是作为知识的内在价值而存在，交换价值是作为知识的外在价值而存在⑤。吴瑶（2005）指出，知识价值是知识创造者凭借知识和才智产生的价值⑥。

综合上述分析，本章认为知识价值就是个体运用自身的知识和智慧所创造

---

① Naisbitt J. Megatrends: Ten new directions transforming our lives [M]. New York: Warner Books Inc., 1982.

② Romer D, Heller T. Social adaptation of mentally retarded adults in community settings: A social-ecological approach [J]. Applied Research in Mental Retardation, 1983, 4 (4): 303–317.

③ 界屋太一. 知识价值革命 [M]. 北京：东方出版社，1986：13.

④ 王久华. 知识价值的基本内涵 [J]. 经济学文摘，1999 (6)：47.

⑤ 李鹏程. 谈知识的价值 [J]. 山西图书馆学报，1997 (1)：48–50.

⑥ 吴瑶. 论知识的价值 [D]. 大连：大连理工大学，2005.

出来的、被社会广泛认可的价值，它既表现为知识的内在价值（知识价值的系统性和科学性），也表现为知识的外在价值（知识价值的创新性和应用性）。

（三）知识价值的分类

有关知识价值的分类，国内学者基于不同的角度有不同的分类。隗斌贤等（2000）认为知识价值可分为静态知识价值和动态知识价值两类。第一，静态知识价值首先包括积累劳动价值，具体指在前人和他人的劳动基础上而形成的价值，其次包括劳动主体价值，即劳动者在知识生产过程中创造性产生的价值，最后还包括劳动者在物化劳动中物化劳动智力转移产生的知识价值。第二，动态知识价值是指现实中的产品以知识为形态而存在，并且在后续的分配、传播和转化的过程中所体现出来的价值，也即知识的流通价值[①]。范领进（2004）基于价值哲学的角度，认为知识价值可分为知识的经济价值、知识的社会价值和知识的科学价值这三类[②]。吴瑶（2005）认为，知识价值可从不同的角度划分为不同的类型。从社会主体的角度可将知识价值划分为个体价值、群体价值和阶级价值；从实现方式上可将知识价值划分为现实价值（直接价值）和潜在价值（间接价值）；从知识价值的作用上可将知识价值划分为知识的物质价值、知识的精神价值、知识的伦理道德价值、知识的审美价值；从时空范围上可将知识价值划分为现实价值与历史价值、短期价值与长期价值、局部价值与全局价值[③]。郭瑛（2009）认为知识价值可划分为三大类，即隐性知识价值、显性知识价值和流通知识价值[④]。

基于上述分析，本章将知识价值划分为三类，包括隐性知识价值、显性知识价值与流通知识价值。

---

① 隗斌贤，张玉茹，赵金飞. 对知识价值的理论分析与定量研究 [J]. 经济学动态，2000（7）：29 – 35.
② 范领进. 知识价值理论研究 [D]. 吉林：吉林大学，2004.
③ 吴瑶. 论知识的价值 [D]. 大连：大连理工大学，2005.
④ 郭瑛. 企业研发人员知识价值评价研究 [D]. 南京：南京航空航天大学，2009.

（1）隐性知识价值，即使用隐性知识为团队创造的价值，具体指难以通过语言表达或描述的知识，而是通过日常工作生活中的行为特征所表现出来的经验或者追求。隐性知识不仅存在于个人层面，同时也存在于组织层面。员工个人所特有的如道德品质、思维意识、创新精神等，也即隐性知识，是组织的隐形财富，如果能充分挖掘员工的隐性知识并成功转化为显性知识，将给团队组织带来深远持久的经济效益。

（2）显性知识价值，即使用显性知识为团队创造的价值，具体指通过一定的外在方式如语言、文字、公式或图表等可以描述或表达出来的，能够轻易转移给他人的知识。员工个人所特有的如实践操作能力、成果转化能力、管理能力、创新能力等，也即显性知识，是员工为团队组织创造价值的重要因素。

（3）流通知识价值，具体是指知识在流通过程中为团队组织创造出来的价值。知识流通主要是指员工的隐性知识、显性知识和组织的隐性知识、显性知识相互作用、知识共享、相互转化，并产生最终的经济效益和社会效益。

第三节　评价指标体系的构建与检验

一、评价指标体系的构建原则

构建成果转化类创新型科技人才评价指标体系，最主要的是反映指标体系的评价内容和评价目的，因此选取的评价指标要全面多样可操作，具体应遵循以下原则：

（一）系统性原则

在构建评价指标体系时，评价指标的选取应尽可能地将具体的评价对象全面覆盖。对于成果转化类创新型科技人才评价指标体系而言，基于本章的研究目的，应包含职业道德、能力素质和业绩贡献 3 个一级指标以及一级指标下的二级指标和三级指标。

（二）层次性原则

评价指标体系要按照等级逐级排列，根据评价指标的整体属性，逐层细分，直至具体到最后的三级指标。整个评价指标体系要逻辑清晰，结构分明。

（三）独立性原则

各级评价指标之间应该互相独立，要减少语义的重复性和指标的复杂性，尽量用最简练的指标构建成果转化类创新型科技人才评价体系。

（四）可操作性原则

虽然选取的评价指标可以全部是定性指标或定量指标，但为了能够并且容易获得评价指标的数据，并客观地展现评价结果，选取的评价指标应尽量避免主观因素的影响。

二、评价指标体系的初步构建

本章依托中国知网、万方数据、维普咨询等数据库进行文献调研，以"创新型科技人才 + 成果转化人才 + 评价指标"为检索词进行搜索，通过认真分析和研究，初步选取了 40 篇和成果转化类创新型科技人才评价指标关联较高的文献，并从中抽取了使用频度最高的关键词作为成果转化类创新型科技人才评价指标的备选项。与此同时，在对中央政府和地方政府对有关科技成果转化人才的文件进行认真研读的基础上，根据文件的系统性、整体性和关联性，初步构建了成果转化类创新型科技人才评价指标体系。

通过对这些文献的认真梳理和分析发现，虽然国内学者对于创新型科技人才评价指标的描述多种多样，但"职业道德""能力素质""业绩贡献"是阐释或衡量创新型科技人才的共性特征和主要标准，其中职业道德出现 19 次、能力素质出现 25 次、业绩贡献出现 27 次。因此，本章初步确定职业道德、能力素质和业绩贡献作为成果转化类创新型科技人才评价指标体系的一级指标。

（一）职业道德

职业道德是成果转化类创新型科技人才道德素质的本质要求，也是每一位科技人才必须遵守的基本职责。具体指创新型科技人才应具有较好的职业操守和从业规范、自觉遵守社会公德和职业道德、勇于承担责任和风险，以及既有实事求是和开拓创新的科研精神，又有百折不挠的意志力和耐受力。结合文献调研总结得出的成果转化类创新型科技人才的素质特征，本章认为职业道德应主要从职业规范、科学创新和价值情感三个方面进行评价。

（二）能力素质

能力素质是成果转化类创新型科技人才个人发展和事业成功的关键影响因素，也是科技人才区别于其他普通劳动者的核心素质。具体指创新型科技人才对科学研究应具有强烈的热情和较强的独立性、掌握扎实的专业知识和熟练的专业技能、对新事物有较高的敏锐度和较强的洞察力、能够用创新的眼光看待事物的发展、具有创造性解决问题的能力。结合文献调研总结得出的成果转化类创新型科技人才的素质特征，本章认为能力素质应主要从智能素质和能力结构两方面进行评价。

（三）业绩贡献

业绩贡献反映了成果转化类创新型科技人才的整体科研能力和成果转化能力。在现实中，业绩贡献通常被认为是衡量成果转化类创新型科技人才的重要指标。具体指创新型科技人才在某一领域取得较大的工作绩效和创新成果，并且所取得的成果有可能弥补国内外研究空白，推动人类发展历程取得革命性进展，并促进社会的经济效益和社会效益显著提高。结合文献调研总结得出的成果转化类创新型科技人才的素质特征，本章认为业绩贡献应主要从创新表现和效益转化两方面进行评价。

结合知识价值理论，对比分析成果转化类创新型科技人才上述 3 个一级指标，本章发现 3 类知识价值与 3 个一级指标存在相应的映射关系，即"隐性知识价值"映射"职业道德"、"显性知识价值"映射"能力素质"、"流通知识价值"映射"业绩贡献"。而且对照胜任力模型理论，隐性知识价值和显性知识价值类似于胜任力模型中的鉴别性胜任力，重视对人才内在心理素质的考评，而流通知识价值类似于胜任力模型中的基准性胜任力，重视对人才外在成果表现的考评。因此，本章将成果转化类创新型科技人才的一级评价指标由职业道德、能力素质和业绩贡献转化为隐性知识价值、显性知识价值与流通知识价值，将职业规范、科学创新、价值情感、智能素质、能力结构、创新表现和效益转化作为二级指标，并通过对一二级指标的分解、辨析、细化得出三级指标，初步形成包含 3 个一级指标、7 个二级指标和 30 个三级指标的成果转化类创新型科技人才评价指标体系。

三、评价指标体系的优化

为了进一步优化成果转化类创新型科技人才评价指标体系，本章以初始评价指标体系为基础，通过专家访谈法访谈了 20 位不同领域的专家，其中科研人员 10 名、高等院校教授 5 名以及科技企业人力资源管理人员 5 名。参与本次访谈的专家年龄：30～39 岁 4 人（20%），40～49 岁 13 人（65%），50～60 岁 3 人（15%）；工作年限：10 年以下 4 人（20%），10～20 年 14 人（70%），20 年以上 2 人（10%）；学历：本科 2 人（10%），硕士 4 人（20%），博士 14 人（70%）；专业领域：工科类：5 人（25%），理科类 4 人（20%），文史哲 5 人

（25%），社科类 6 人（30%）。通过访谈，对评价指标体系进行分析和筛选。根据专家意见，删除了操作性不强的指标，合并内容存在交叉的指标，同时还增加了专家们认为更有价值的新的指标，最终形成包含 3 个一级指标、7 个二级指标和 25 个三级指标的评价指标体系，如表 5 – 1 所示。

表 5 – 1　　　　　　成果转化类创新型科技人才评价指标体系

指标体系	一级指标	二级指标	三级指标
成果转化类创新型科技人才评价指标A	隐性知识价值B1	职业规范C1	良好的道德品质和职业操守 D1
			遵守专利和知识产权等法律法规 D2
			所有科研成果都是独立或合作完成的，拒绝抄袭造假行为 D3
		科学创新C2	标新立异，不迷信权威 D4
			乐意获取、分享创新思想 D5
			善于把握规律、创新理论和方法 D6
		价值情感C3	具有刻苦钻研、坚韧不拔的精神 D7
			在成果转化过程中具有使命感和责任感 D8
			在科研工作中实现人生自我价值 D9
	显性知识价值B2	智能素质C4	具有较强的创新思维和逻辑思维 D10
			具有对本学科未来发展的洞察力和预知能力 D11
			具备成果转化领域扎实的专业知识 D12
			具备成果转化领域横向的知识结构 D13
		能力结构C5	具有较强的成果转化实验操作能力 D14
			具有提供成果转化技术支持的能力 D15
			具有发现和分析处理问题的能力 D16
			具有总结成果转化工作经验的能力 D17
			具有较强的团队组织、协调和决策能力 D18
	流通知识价值B3	创新表现C6	发表论文及收录专著的数量 D19
			拥有多项专利及知识产权 D20
			发表多篇同行普遍认可的报告 D21
			主持并完成多项科研项目 D22
			获得省部级或国家级成果转化类奖励 D23
		效益转化C7	推动科研成果转化产生经济效益 D24
			推动科研成果转化产生社会效益 D25

四、评价指标体系的检验

本章构建的成果转化类创新型科技人才评价指标体系是在文献调研和专家访谈的基础上形成的，存在一定的主观性，因此还需要实证分析检验其科学性和合理性。本章的实证部分将由评价指标体系编制而成的调查问卷发放至相关人员，并通过因子分析法对回收的数据进行具体分析。

（一）问卷设计及发放

1. 问卷设计

本章的调查问卷在广泛收集、查阅文献的基础上，并经过和专家多次商量讨论而形成。问卷设计遵循简单易懂、不具有诱导性的原则。调查问卷（见附录三）一共包括两个部分，第一部分为调查问卷的个人基本信息，第二部分为调查问卷的相关题项，问卷具体设计如下：

在调查问卷的个人基本信息部分，本章设计 5 个题项，分别包括：性别、受教育程度、工作年限、工作单位和工作性质。具体来说，本章对成果转化类创新型科技人才的受教育程度具体划分为：专科、本科、硕士研究生和博士研究生；工作年限划分为：5 年及以下、6～10 年、11～15 年、15 年以上；工作单位划分为：企业、高校、研究所和政府机构；工作性质划分为：基础理论研究、应用研究、技术研发、成果转化研究。第二部分是调查问卷的主体部分，包括 3 个一级评价指标，隐性知识价值、显性知识价值和流通知识价值，一共 25 个题项。此部分的所有题项均采用李克特五点量表法测量，1～5 分别代表非常不同意、不同意、不确定、同意和非常同意。

2. 问卷发放与回收

本次问卷调查的对象主要为企业、高校、研究所和政府机构 4 类组织机构，4 类组织机构都具有培养和承载创新型科技人才的共同点，并且主要调查这 4 类组织机构中从事基础理论研究、应用研究、技术开发、成果转化类型的工作人员。本章主要采用线上和线下相结合的两种方式展开调研，线上主要通过当下使用范围比较广泛的问卷星，通过微信、QQ 等方式进行转发，以及包括在如小木虫网站等学习论坛上进行发放。线下则以纸质问卷的形式进行调查，并且在发放问卷的过程中针对遇到的问题及时修正题项。问卷发放对象具有较强的针对性，符合本章的调研范围。本次调查一共发放问卷 300 份，回收问卷 256 份，回收率为 85.3%，其中有效问卷 216 份，问卷有效率为 84.4%。样本的具体情况见表 5 - 2。

表 5 - 2　　　　　　　　　　样本情况（N = 216）

变量	类别	人数（个）	比例（%）
性别	男	192	88.9
	女	24	11.1
受教育程度	专科	3	1.4
	本科	39	18.1
	硕士研究生	98	45.3
	博士研究生	76	35.2
工作年限	5 年及以下	56	26
	6～10 年	81	37.5
	11～15 年	48	22.1
	15 年以上	31	14.4
工作单位	企业	57	26.4
	高校	78	36.1
	研究所	49	22.7
	政府机构	32	14.8
工作性质	基础理论研究	32	14.8
	应用研究	59	27.3
	技术开发	57	26.4
	成果转化研究	68	31.5

（二）信度检验

为了确保调查问卷的内部一致性、可靠性和稳定性，首先需要对调查问卷进行信度检验。在社会科学领域，专家们普遍采用 Cronbach's α 系数来进行信度检验，其数值在 0~1 之间。当系数在 0.9 以上，则说明问卷的信度极佳；当系数位于 0.8~0.9 之间，则说明问卷的信度非常好；当系数位于 0.7~0.8 之间，则说明问卷的信度较好。本章运用 SPSS 22.0 对评价指标体系进行信度检验。结果显示，评价指标体系总体的 Cronbach's α 系数为 0.898，一级指标和二级指标的 Cronbach's α 系数均大于 0.7（如表 5-3 所示），说明成果转化类创新型科技人才评价指标体系的信度较好，可进一步进行数据分析。

表 5-3　　　　　　　　内部一致性系数（$N=216$）

一级指标	二级指标	Cronbach's α	
隐性知识价值	职业规范	0.806	0.826
	科学创新	0.810	
	价值情感	0.744	
显性知识价值	智能素质	0.741	0.883
	能力结构	0.874	
流通知识价值	创新表现	0.912	0.937
	效益转化	0.786	

（三）探索性因子分析

因子分析主要研究几个具有复杂关系的因子与原始变量之间的关系，在构建成果转化类创新型科技人才评价指标体系后，需要对收回来的问卷数据进行整理，分析评价指标的选取是否合理。本章采用探索性因子分析，在评价指标的相关系数矩阵的基础上，研究原始变量与因子之间的关系，从实证的角度对构建的评价指标体系进行科学验证。

　　探索性因子分析的客观前提是研究的变量之间必须存在一定的相关性，因此，在对问卷数据进行因子分析前，需先对样本进行 KMO 值检验和 Bartlett 球形度检验，当 KMO 值越大，代表评价指标之间的公共因子越多，越适合做因子分析。同时，当 Bartlett 球形检验卡方值小于 0.05，说明样本良好，适合做因子分析。本章的检验结果如表 5 - 4 所示，表明可以做因子分析。

表 5 - 4　　　　　　　　　KMO 和 Bartlett 球形度检验结果　（N = 216）

评价指标	Bartlett 球形检验			KMO
	χ^2 值	df	p 值	
隐性知识价值	1358.215	36	0.000	0.846
显性知识价值	2022.846	36	0.000	0.832
流通知识价值	1486.941	21	0.000	0.907

　　利用因子分析提取公因子最常采用的方法是主成分分析法和主轴因子法，本章采用主成分分析法，按照最大方差进行 Kaiser 标准化正交旋转。表 5 - 5 由四个维度组成，第一维度为抽取的成分，由于本章的指标体系主要包括七个方面，因此一共提取了 7 个公因子。第二维度为初始特征值，表示初步抽取调查问卷公因子的结果。第三维度为提取平方和载入，由于本章是通过主成分分析法提取公因子，因此第二维度和第三维度的特征值相等。第四维度为旋转平方和载入，是通过旋转后得到的特征值。虽然转轴前后公因子的负荷量有所变化，但总的特征值保持不变，累计解释总方差为 83.262%，表明指标体系有较好的内容效度。

表 5 – 5　　　　　　　　　　　　解释的总方差

成分	初始特征值			提取平方和载入			旋转平方和载入		
	合计	方差百分比（%）	累积百分比（%）	合计	方差百分比（%）	累积百分比（%）	合计	方差百分比（%）	累积百分比（%）
1	9.316	37.263	37.263	9.316	37.263	37.263	7.328	29.311	29.311
2	6.307	25.227	62.491	6.307	25.227	62.491	6.223	24.891	54.202
3	1.781	7.123	69.614	1.781	7.123	69.614	2.404	9.616	63.818
4	1.229	4.917	74.530	1.229	4.917	74.530	1.857	7.427	71.245
5	0.845	3.381	77.911	0.845	3.381	77.911	1.406	5.625	76.870
6	0.715	2.858	80.769	0.715	2.858	80.769	0.844	3.378	80.248
7	0.623	2.492	83.262	0.623	2.492	83.262	0.754	3.014	83.262

注：提取方法——主成分分析法。

如前文所述，本章通过运用 SPSS 22.0 软件进行主成分分析，按照最大方差进行 Kaiser 标准化正交旋转，本次旋转在 7 次迭代后收敛，最终得出的旋转载荷矩阵如表 5 – 6 所示。各因子载荷值均在 0.5 以上，并且提取的 7 个公因子累积方差解释率为 83.262%，表明所提取的公因子比较合理，且能够解释原有指标的大多数信息，指标体系具有较高的结构效度。

表 5 – 6　　　　　　　　　　　　因子载荷矩阵

题项	成分						
	职业规范	科学创新	价值情感	智能素质	能力结构	创新表现	效益转化
D1	0.752						
D2	0.716						
D3	0.736						
D4		0.695					
D5		0.717					

续表

题项	成分						
	职业规范	科学创新	价值情感	智能素质	能力结构	创新表现	效益转化
D6		0.686					
D7			0.708				
D8			0.684				
D9			0.695				
D10				0.719			
D11				0.708			
D12				0.723			
D13				0.684			
D14					0.739		
D15					0.755		
D16					0.741		
D17					0.771		
D18					0.722		
D19						0.775	
D20						0.818	
D21						0.785	
D22						0.789	
D23						0.832	
D24							0.976
D25							0.955

注：提取方法——主成分分析法；旋转法——具有 Kaiser 标准化的正交旋转法；旋转在 7 次迭代后收敛。

通过以上分析和检验，本章构建的成果转化类创新型科技人才评价指标体系具有较好的信度和效度，符合测量学和统计学的标准，可作为对成果转化类创新型科技人才进行测评和评估的工具。

第四节　评价指标权重的确定

确定评价指标权重的方法主要包括熵权法、因子分析法和层次分析法等，本章采用层次分析法确定各级指标的权重，未来可以此计算成果转化类创新型科技人才各级指标的综合平均值。层次分析法（analytic hierarchy process，AHP）是一种多层次权重决策分析方法，由美国匹兹堡大学教授、著名运筹学家萨蒂（Saaty，1980）于 20 世纪 70 年代提出[①]。其基本思想是在深入分析目标问题的性质、影响因素和内在联系后，将要研究的目标问题分解为多个层次和级别，从而将人的思维变得更加具体化、清晰化和数学化，层次分析法作为一种简便实用的决策分析方法，有助于解决多维度、多目标和无具体结构特征的实际问题。用层次分析法解决实际问题主要包括以下四个步骤：第一，建立层次结构模型；第二，构建判断矩阵；第三，层次单排序和一致性检验；第四，层次总排序和一致性检验。

一、建立层次结构模型

由于层次分析法要求将问题分层考虑，因此需要按照相关要素的不同属性建立层次结构模型，层次结构模型通常包括目标层、准则层、子准则层和指标层。本章的目标层为成果转化类创新型科技人才评价指标（A），是问题的解决目标和最终结果；准则层包括 3 个一级指标：隐性知识价值（B1）、显性知识价值（B2）和流通知识价值（B3），三类知识价值是成果转化类创新型科技人才的主要评价目标；子准则层包括 7 个二级指标：职业规范

[①]　Saaty T L. The analytic hierarchy process［M］. New York：Me Graw-Hill，1980.

（C1）、科学创新（C2）、价值情感（C3）、智能素质（C4）、能力结构（C5）、创新表现（C6）、效益转化（C7），是对准则层的详细描述和扩充；指标层包括 25 个三级指标（D1 ~ D25），是对子准则层的进一步细化。

二、构建判断矩阵

构建判断矩阵一般采用专家调查法，本章的专家组由高等院校教授、科研人员以及资深人力资源管理人员等 20 人组成，采用 1 ~ 9 标度法（如表 5 - 7 所示）对评价指标的相对重要性进行打分，对收集到的评分取平均值构造判断矩阵，最终构建了 11 个判断矩阵：准则层对目标层的判断矩阵 P，子准则层对准则层的判断矩阵 P1 ~ P3，指标层对子准则层的判断矩阵 P4 ~ P10。

表 5 - 7　　　　　　　　　　　　1 ~ 9 标度及含义

标度	含义
1	两个因素相比较，具有同等重要性
3	一个因素比另一个因素稍微重要
5	一个因素比另一个因素明显重要
7	一个因素比另一个因素强烈重要
9	一个因素比另一个因素极端重要
2、4、6、8	介于相邻两标度之间
倒数	若 a_i 与 a_j 的重要性比为 n，则 a_j 与 a_i 之比为 $1/n$

三、层次单排序及一致性检验

由于判断矩阵受到专家不完全性和评价系统复杂性的影响，因此还需要对判断矩阵进行层次单排序和一致性检验。

首先，计算判断矩阵 A 的最大特征值 λ_{max} 及对应特征向量 W。当矩阵具有满意一致性时，λ_{max} 稍大于或等于 n（n 为矩阵的阶数）。

$$W = \frac{1}{n}\left(\sum_{j=1}^{n} a_{ij}\right) \qquad (5-1)$$

$$\lambda_{max} = \sum_{i=1}^{n} \frac{(AW)_i}{nW_i} \qquad (5-2)$$

其次，计算判断矩阵的一致性指标 CI。

$$CI = \frac{\lambda_{max} - n}{n-1} \qquad (5-3)$$

最后，在引入随机一致性指标 RI（如表 5-8 所示）的基础上计算判断矩阵的随机一致性比率 CR。

$$CR = \frac{CI}{RI} \qquad (5-4)$$

当一致性指标 $CR < 0.1$，则认为判断矩阵具有较好的满意一致性，对应的特征向量即为权重值，否则需要重新构造互反判断矩阵，直至矩阵满足 $CR < 0.1$。

表 5-8　　　　　　　　　　　随机一致性指标 RI 标准值

指标	1	2	3	4	5	6	7	8	9	10
RI	0	0	0.58	0.90	1.12	1.24	1.32	1.41	1.45	1.49

根据层次分析法的上述原理，通过对专家调查可得到判断矩阵如下，本章以判断矩阵 P、P1、P2、P3 为例，具体数据如表 5-9 至表 5-12 所示。

表 5-9　　　　　　　　　　　　　判断矩阵 P

P	B1	B2	B3
B1	1	1/2	1/4
B2	2	1	1/2
B3	4	2	1

由表 5 - 9 中的数据可解得判断矩阵 P 的最大特征值 λ_{max} 为 3，对应的特征向量分别为（0.143、0.286、0.571），$CI = 0$，$CR = 0 < 0.1$，符合一致性检验。

表 5 - 10   判断矩阵 P1

P1	C1	C2	C3
C1	1	2	3
C2	1/2	1	2
C3	1/3	1/2	1

由表 5 - 10 中的数据可解得判断矩阵 P1 的最大特征值 λ_{max} 为 3.0092，对应的特征向量分别为（0.54，0.297，0.163），$CI1 = 0.0046$，$CR1 = 0.0079 < 0.1$，符合一致性检验。

表 5 - 11   判断矩阵 P2

P2	C4	C5
C4	1	1/2
C5	2	1

由表 5 - 11 中的数据可解得判断矩阵 P2 的最大特征值 λ_{max} 为 2，对应的特征向量分别为（0.333，0.667），$CI2 = 0$，$CR2 = 0 < 0.1$，符合一致性检验。

表 5 - 12   判断矩阵 P3

P3	C6	C7
C6	1	1/3
C7	3	1

由表 5 - 12 中的数据可解得判断矩阵 P3 的最大特征值 λ_{max} 为 2，对应的特征向量分别为（0.25，0.75），$CI3 = 0$，$CR3 = 0 < 0.1$，符合一致性检验。

四、层次总排序及一致性检验

层次总排序表示每一层次指标对于目标层相对重要性的权重值，将每一层次的权重与上一层次的权重相乘即可得到评价指标体系的综合权重。

层次总排序一致性检验：

$$CR_{总} = \frac{\sum_{i=1}^{m} a_i CI_i}{\sum_{i=1}^{m} a_i RI_i} \qquad (5-5)$$

式中，$CR_{总}$ 为总的随机一致性比率，$a_i (i = 1，2，3)$ 为准则层对于目标层的相对重要性，$CI_i (i = 1，2，3)$ 为准则层一致性指标，$RI_i (i = 1，2，3)$ 为准则层随机一致性指标。

通过对成果转化类创新型科技人才评价指标体系各层评价指标权重的计算，并经过层次总排序一致性检验 $CR_{总} = 0.0079 < 0.1$，符合一致性检验。最后得出成果转化类创新型科技人才评价指标的综合权重值，如表 5 - 13 所示。

表 5 - 13　　成果转化类创新型科技人才评价指标体系（权重值）

目标层	一级指标（准则层）	二级指标（子准则层）	三级指标（指标层）
成果转化类创新型科技人才评价指标	隐性知识价值（0.143）	职业规范（0.077）	良好的道德品质和职业操守（0.048）
			遵守专利和知识产权等法律法规（0.018）
			所有科研成果都是独立或合作完成的，拒绝抄袭造假行为（0.011）
		科学创新（0.042）	标新立异，不迷信权威（0.007）
			乐意获取、分享创新思想（0.012）
			善于把握规律、创新理论和方法（0.023）

目标层	一级指标 （准则层）	二级指标 （子准则层）	三级指标 （指标层）
成果转化类 创新型科技 人才评价指标	隐性知识价值 （0.143）	价值情感 （0.023）	具有刻苦钻研、坚韧不拔的精神（0.007）
			在成果转化过程中具有使命感和责任感（0.004）
			在科研工作中实现人生自我价值（0.012）
	显性知识价值 （0.286）	智能素质 （0.095）	具有较强的创新思维和逻辑思维（0.013）
			具有对本学科未来发展的洞察力和预知能力（0.008）
			具备成果转化领域扎实的专业知识（0.049）
			具备成果转化领域横向的知识结构（0.028）
		能力结构 （0.191）	具有较强的成果转化实验操作能力（0.026）
			具有提供成果转化技术支持的能力（0.026）
			具有发现、分析和处理问题的能力（0.077）
			具有总结成果转化工作经验的能力（0.047）
			具有较强的团队组织、协调和决策能力（0.015）
	流通知识价值 （0.571）	创新表现 （0.143）	发表论文及收录专著的数量（0.011）
			拥有多项专利及知识产权（0.019）
			发表多篇同行普遍认可的报告（0.028）
			主持并完成多项科研项目（0.036）
			获得省部级或国家级成果转化类奖励（0.047）
		效益转化 （0.428）	推动科研成果转化产生经济效益（0.285）
			推动科研成果转化产生社会效益（0.143）

五、评价指标权重的分析

依据表 5 - 13 数据，我们从三个方面进行分析：首先，一级指标中，流通知识价值（0.571）的权重值超过 50%，表明成果转化类创新型科技人才更应注重对其取得的科研成果价值的评价；其次，二级指标中，效益转化（0.428）、能力结构（0.191）、创新表现（0.143）的权重值相对较高，表明对于成果转化类创新型科技人才，科研成果的现实转化价值、市场现实表现以及具备成果转化所需的各项创新实践能力是重要考评指标；最后，在三级指标中，推动科研成果转化产生经济效益（0.285）、推动科研成果转化产生社会效益（0.143）、具有发现、分析和处理问题的能力（0.077）、具备成果转化领域扎实的专业知识（0.049）、良好的道德品质和职业操守（0.048）五个指标的权重相对较高，而以往备受重视的发表论文及收录专著的数量（0.011）和拥有多项专利及知识产权（0.019）等权重却相对较低。表明以往将论文、专利数量与科技人才评价直接挂钩的做法遭到了成果转化类创新型科技人才的广泛抵制，这也与科技部近日发布的《关于开展清理"唯论文、唯职称、唯学历、唯奖项"专项行动的通知》内容相符合。

第五节　研究结论、理论贡献与展望

一、研究结论

科技成果转化是科技创新的重要内容，只有将科技人才的科技成果及时有效地转化、推广和应用，才能有效发挥其对促进现代经济发展和社会进步的贡献价值。然而，要切实有效的提高我国科技成果的现实转化率，就必须调动创新主体的积极性，而人才评价是调动科技人才积极性、主动性和创造性的"风向标"和"指挥棒"。本章基于分类评价视角，运用知识价值理论和胜任力模型理论，在对成果转化类创新型科技人才进行文献调研和专家访谈的基础上，构建了成果转化类创新型科技人才评价指标体系，并通过因子分析法检验了评价指标体系的科学性和合理性，最后运用层次分析法量化了各级评价指标的权重。本章最终得出以下结论：

（1）本章在文献调研的基础上总结出创新型科技人才的概念，在创新型科技人才概念的基础上，通过对相关政策和法律法规的解读，概括得出成果转化类创新型科技人才的概念和特征。

（2）构建了较为科学合理的成果转化类创新型科技人才评价指标体系。首先，基于文献调研，整理分析得出成果转化类创新型科技人才初始评价指标体系。然后，利用专家访谈法，对初始评价指标进行筛选、补充和合并得出最终的成果转化类创新型科技人才评价指标体系。最后，为检验成果转化类创新型科技人才评价指标体系的科学性和合理性，通过主成分分析法对由指标体系编制而成的调查问卷进行因子分析，结果显示，调查问卷具有较满意的可靠性和一致性。

（3）运用层次分析法确定了各级评价指标的权重，揭示了影响成果转化类创新型科技人才评价的重要因素。结果显示，要重视对成果转化类创新型科技人才的产出进行评价，要提高成果转化人才的成果转化率，在坚持市场评价和社会评价导向的同时，注重其研究成果的现实转化价值和市场现实效益，以及将科技成果推向市场产生的经济效益和社会效益。

二、理论贡献

本章在创新型科技人才的理论研究和科技成果转化的系列法规的基础上

明确了成果转化类创新型科技人才的具体概念和特征，通过对成果转化类创新型科技人才的评价标准、评价方法以及评价指标体系等相关内容的阐述，构建了比较系统的理论体系，本章的研究将丰富和完善创新型科技人才评价的相关理论知识。此外，本章基于分类评价视角，以成果转化类创新型科技人才为研究对象，并基于知识价值理论和胜任力模型理论构建了成果转化类创新型科技人才评价指标体系，为选拔、培养和使用成果转化类创新型科技人才提供了理论参考，同时对推动经济发展和提高社会效益以及制定人才发展战略都具有重要而深远的现实意义。

三、研究启示与建议

创新型科技人才作为我国提高综合国力和增强国际竞争力的重要来源，党和政府高度重视培养和引进高层次创新型科技人才。因此，结合本章的研究结果以及当前社会发展对成果转化类创新型科技人才的迫切需要，本章提出了以下建议和启示：

（1）成果转化类创新型科技人才对国家科学技术的发展起着指导和引领的重要作用，要树立正确的评价导向，重视对科技人才科研产出的评价，提高科技成果转化率，注重经济效益和社会效益。要努力推动理论成果转化为现实生产力，如转化成果是否达到国内外领先水平，是否带动其他相关产业的发展，是否实现经济效益的同时促进社会进步，增强社会影响力等，引导成果转化类创新型科技人才做出具有基础性和前瞻性的科研成果。

（2）创新能力是成果转化类创新型科技人才的重要评价要素之一，只有具备发现、分析和解决问题的能力才能不断增加科研产出，进而推动科学技术进步，因此要注重评价成果转化类创新型科技人才的创新思维方式和创新实践能力等，进而促进成果转化类创新型科技人才的全面发展。

（3）掌握成果转化领域扎实的专业知识，包括知识广度、外语能力、受教育程度等是成果转化人才进行一切科研创新的前提，因此不仅要对他们的专业知识做技能鉴定性评价，还要关注他们交叉学科知识和技能实践的发展。

（4）良好的职业道德是所有科技人才都应该注重学习和培养的重要方面，根据科技人才评价中的思想道德规范制定相关的惩罚制度，这将有利于从源头上杜绝各个行业、各个领域中因忽视道德评价问题而引发的学术不端、弄虚作假和腐化堕落等行为。

四、研究局限与展望

（1）由于目前还没有学者以成果转化类创新型科技人才为对象建立系统完整的评价指标体系，本章基于相关文献的查阅和专家访谈构建的评价指标体系，可能内容存在涵盖不全的问题。而且本章通过专家打分获得权重，专家打分的高低受专家自身的研究背景和成长经历影响，因此存在一定的局限性。在以后的科研活动中，应根据科技的发展和经济社会的进步不断地加以改进和验证。

（2）对于成果转化类创新型科技人才的评价，只是构建评价指标体系是远远不够的，还需要构建与之相对应的科技人才评价机制作为支撑。因此建立成果转化类创新型科技人才评价机制具有相当的重要性和迫切性。

第六章

创新型科技人才分类评价的实践

——以基础研究类人才为例①

党的十九大强调，实施"科教兴国战略"和
"人才强国战略"，必须培养造就一大批具有国际
水平的战略科技人才、科技领军人才、青年科技
人才和高水平创新团队。依据创新型科技人才在
社会实践中所处的地位和在科技创新活动中所处
的环节，本章以基础研究类创新型科技人才为研
究对象，运用多元智能理论，构建基础研究类创
新型科技人才智能特征结构模型。科技人才评价
作为科技人才发展体制机制改革的重要环节，对
于建立人才管理体制、创新人才培养开发机制、

---

① 杨月坤，葛琴. 创新型科技人才多元智能结构及评价研究——以基础研究类创新型科技人才
为例［J］. 常州大学学报（社会科学版），2020，21（1）：86–94.

改进人才评价激励机制、健全人才流动和配置机制、培育创新文化环境等均起着重要作用。

　　智能作为一种生物心理潜能，能够反映人的思维和认知方式，决定人的成长方向和发展潜能。如果人才的智能结构不同，则使用同一评价方法所得的评价结果的有效性和精准度不同，这对于基础研究类创新型科技人才同样适用。因此，对基础研究类创新型科技人才智能结构进行辨别和分类，选择更为有效的评价方法评价基础研究类创新型科技人才，以充分扩大评价指标体系的工具作用和评价结果的参考价值，是十分必要的。

第一节　文献综述

一、创新型科技人才评价研究现状

　　现有研究聚焦于构建人才评价指标体系，例如：知识价值"三位一体"评价指标体系[①]、"七商"评价指标体系[②]、高校创新型科技人才"五因子"素质模型[③]等。创新型科技人才在经济生活中所处的层次、在科技活动分工中所处的创新环节存在较大的差异。为了提高人才评价的针对性和有效性，针对不同职业、不同岗位、不同层次创新型科技人才[④]的分类评价研究逐渐

---

　　① 杨月坤，路楠. 基于知识价值的创新型科技人才评价模型构建［J］. 领导科学，2019（1）：98－102.

　　② 薛昱，张文宇，杨媛，等. 基于匹配模型的科技创新人才评价［J］. 技术经济，2018，37（9）：65－72.

　　③ 黄小平. 五因子素质结构模型构建及其对我国高校创新型科技人才培养的启示［J］. 复旦教育论坛，2017，15（2）：54－60.

　　④ 杨月坤，周丽娟. 成果转化类创新型科技人才评价研究［J］. 领导科学，2019（6）：67－71.

成为研究的焦点。总体看来，现有评价指标侧重于工作业绩和产出贡献等评价指标，对人才成长规律和未来发展潜力等评价指标关注较少，呈现出"唯结果论"的倾向；现有评价体系仍然存在人才分类不清晰、评价主体不明确、评价方法不科学、评价程序不规范、评价标准"一刀切"、评价结果不实用等现实问题，束缚了人才的成长与发展，不利于发挥人才能动性。

二、多元智能理论及其评价观

20 世纪 80 年代，加德纳（Gardner，2004）依据智能的获得过程和智能运作的方式归纳出语言文字智能、逻辑数学智能、视觉空间智能、身体动觉智能、音乐旋律智能、人际关系智能、自我认识智能、自然观察智能等八种人才智能[①]。阿姆斯特朗（Armstrong，2003）[②] 在加德纳（Gardner，2004）的研究基础上，对这八种智能进行了描述：语言文字智能是指口头表达或写作中有效运用文字的能力；逻辑数学智能是指有效运用数字及进行完好推理的能力；视觉空间智能是指准确地感知外部世界及完成知觉转换的能力；身体动觉智能是指善于运用肢体动作来表达思想与情感的特殊技能及运用双手制作或改造产品的能力；音乐旋律智能是指感受、辨别及改编各种音乐作品的能力；人际关系智能是指感知并区分他人情绪、意图、动机及情感的能力；自我认识智能是指自我认识及在此认识的基础上采取相应行为的能力；自然观察智能是指善于区分自然环境中的动植物的能力。多元智能理论尊重多元化思维和认知方式，并将多元化思维运用到人才评价之中，为创新型科技人才评价提供了新的视角[③]，其优势体现在发展性的评价目的、多元化的评价

---

① 加德纳. 多元智能：7 种智能改变命运 [M]. 沈致隆，译. 北京：新华出版社，2004.

② 阿姆斯特朗. 课堂中的多元智能：开展以学生为中心的教学 [M]. 张咏梅，王振强，译. 北京：中国轻工业出版社，2003.

③ 李敦东. 近 30 年国内多元智能理论研究述评 [J]. 常州大学学报（社会科学版），2012，13（3）：82 – 85.

内容、多样化的评价方法等方面。

第二节　基础研究类创新型科技人才智能特征结构模型

一、模型构建

首先，建立特征素材库。依托 CNKI 数据库（1998～2019 年），筛选并研读 30 篇与创新型科技人才评价高度相关的文献①，将创新型科技人才的素质特征、评价指标进行分类汇总，并整理成本章的特征要素素材库。

其次，选取智能类型。借助人力资源管理理论中关键事件法的基本思想，观察基础研究类创新型科技人才的工作过程，识别直接对科研成果产出产生影响的五个关键性行为事件，即确定选题、设计研究、收集数据、实验操作、成果呈现，分析所包含的基础研究类创新型科技人才的素质特征、岗位要求、职业属性，在借鉴科技人才评价已有的研究成果的基础上，运用多元智能理论，提出以下四种智能类型：知识－语言力智能（ZY），是指创新型科技人才拥有更为广博的基础知识、更为精深的专业理论知识，更乐于主动学习和更新知识储备，同时语言表达能力更为杰出，对应语言文字智能。认知－思维力智能（RS），是指创新型科技人才在认知事物的过程中所表现的一般认知方式以及在思考问题的过程中所展现出的多样化的思维方式和思维能力，对应逻辑数学智能、视觉空间智能、音乐旋律智能（艺术思维）。管理－决策力智能（GJ），是指创新型科技人才在管理业务和带领团队的过程中所表现出的对团队中的人、财、物、信息等资源的管理和分配能力，对未来发展

---

① 吴德胜，门玉英，王爱群，等. 湖北省"三区"科技人才评价指标体系研究 [J]. 湖北农业科学，2018，57（6）：116－122.

方向的把控能力，对重大事件的决策能力，对应人际关系智能。科研 – 创新力智能（KC），是指创新型科技人才在科研活动过程中所表现出的研究能力，以及在科技活动中有意识地进行创新活动并主动运用创新成果以提高工作效率的能力，对应身体动觉智能、自我认识智能、自然观察智能。

最后，构建基础研究类创新型科技人才智能特征结构模型。根据每个智能的内涵与表现对特征要素进行筛选和归类，根据分类结果初步构建基础研究类创新型科技人才四智能特征结构模型（如图 6 – 1 所示）。

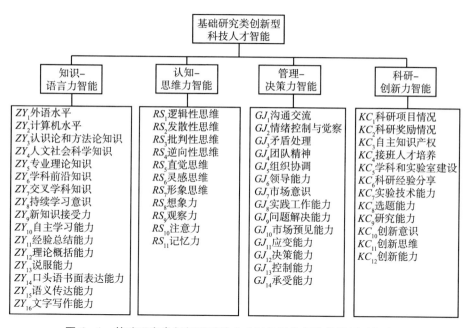

图 6 – 1 基础研究类创新型科技人才四智能特征结构模型（初步）

二、研究方法

通过问卷调查收集数据，运用 SPSS 24.0 软件对预调查数据进行信度分析和探索性因子分析，运用 AMOS 21.0 软件对正式调查收集的数据进行验证性因子分析。

预调查问卷（见附录四）共包含两个部分：第一部分是关于被试者基本信息的题项，包括性别、年龄、受教育程度等；第二部分是关于基础研究类创新型科技人才的 4 种智能的 4 张子量表，每张量表包含了该智能对应特征要素的观测题项，采用李克特五点量表。预调查选择高等学校、企事业单位、科研院所等单位的基础研究类科技管理者和研究人员为调查对象，共发放问卷 150 份，收集问卷 108 份，有效问卷 100 份，问卷有效率 92%。正式调查（见附录五）共计发放问卷 400 份，回收问卷 330 份，有效问卷 310 份，问卷有效率达 94%。被调查者年龄范围为 21～40 岁，70% 以上为本科及以上学历。其中，高校、企事业单位、科研院所等单位的研究人员占比 84%，管理人员占比 16%，男性占比 31%，女性占比 69%。

第三节　实证结果分析与模型改进

一、信度分析

使用 SPSS 24.0 对预调查问卷进行信度检验。结果显示，预调查问卷的 Cronbach'α 值为 0.966，大于 0.8。各子问卷的 Cronbach'α 值也均大于 0.8，说明该问卷具有很强的内部一致性，可信度极高。

二、探索性因子分析

首先，进行 KMO 值和 Bartlett 球形度检验。结果显示，子量表 KMO 值均大于 0.8，说明量表中的共同因素较多，每种智能分类均具有良好的共性。

Bartlett 球形度检验结果显示，p 值均小于 0.001，表明量表数据符合正态分布，适合进行因子分析。

其次，提取主成分因子。运用最大方差法进行因子旋转，抽取特征值 $\lambda_i > 1$ 的公因子，删除因子载荷低于 0.5 的特征要素，最终共提取 9 个因子，每个因子最少包含 3 个要素，最多包含 6 个要素，每个要素的因子载荷均大于 0.5 这一最低可接受值，各维度累计方差贡献率 λ_i / m 均大于 60%，表明该问卷具有较高的建构效度（如表 6-1~表 6-4 所示）。

表 6-1 知识-语言力

特征要素	ZY_1	ZY_2	ZY_3
ZY_{10}	0.841		
ZY_8	0.777		
ZY_9	0.738		
ZY_5	0.716		
ZY_3	0.711		
ZY_7	0.607		
ZY_{14}		0.774	
ZY_{16}		0.759	
ZY_{13}		0.685	
ZY_4		0.613	
ZY_1			0.862
ZY_{12}			0.683
ZY_6			0.585
ZY_2			0.562
λ_i	6.095	1.647	1.053
λ_i / m	43.53%	11.76%	7.52%

表6-2　　　　　　　　　　　　认知-思维力

特征要素	RS_1	RS_2
RS_3	0.890	
RS_4	0.791	
RS_2	0.763	
RS_5	0.642	
RS_1	0.581	
RS_{11}		0.862
RS_8		0.734
RS_{10}		0.524
λ_i	3.762	1.080
λ_i/m	47.02%	13.49%

表6-3　　　　　　　　　　　　管理-决策力

特征要素	GJ_1	GJ_2
GJ_3	0.808	
GJ_2	0.793	
GJ_4	0.740	
GJ_1	0.740	
GJ_6	0.737	
GJ_5	0.725	
GJ_{10}		0.863
GJ_9		0.761
GJ_8		0.704
λ_i	4.193	1.422
λ_i/m	46.59%	15.80%

表 6 – 4　　　　　　　　　　科研 – 创新力

特征要素	KC_1	KC_2
KC_{11}	0.854	
KC_{12}	0.793	
KC_{10}	0.745	
KC_7	0.686	
KC_8	0.581	
KC_9	0.567	
KC_3		0.857
KC_2		0.839
KC_1		0.831
KC_6		0.663
KC_4		0.576
λ_i	4.979	1.684
λ_i/m	45.26%	15.31%

最后，因子命名。知识 – 语言力智能抽取 3 个子能力，分别命名为专业学习能力（ZY_1）、语言运用能力（ZY_2）、学习基础知识能力（ZY_3）；认知 – 思维力智能抽取 2 个子能力，分别命名为思维能力（RS_1）、一般认知能力（RS_2）；管理 – 决策力智能抽取 2 个子能力，命名为人际管理能力（GJ_1）、实践决策能力（GJ_2）；科研 – 创新力智能抽取 2 个子能力，命名为创新科研能力（KC_1）、科研绩效能力（KC_2）。

三、模型改进

根据研究结果可得改进后的基础研究类创新型科技人才 4 项智能特征结构模型（如图 6 – 2 所示）。

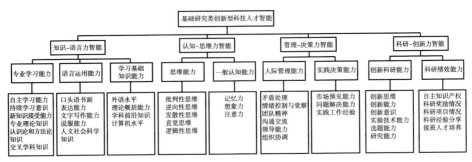

图6-2　基础研究类创新型科技人才4项智能特征结构模型（改进）

四、模型检验

首先，进行一阶验证性因子分析。检验结果显示，一阶因子相关性系数均大于0.7，表明9个一阶因子具有中高度的相关性，因而还存在某些更高阶的因素构念能够解释9个一阶因子，这也与本章的理论构想相符合。其次，引入二阶因子（智能类型）进行二阶验证性因子分析。表6-5中检验结果表明，所有适配指标值均达到模型可接受的标准，模型接近拟合。同时，4项智能和9个特征能力对其下属特征要素的解释能力以及特征要素对其的表现能力均较强，表明模型内在质量理想（见图6-3）。

表6-5　　　　　　　二阶验证性因子分析模型拟合度检验结果

指标	χ^2	df	χ^2/df	GFI	AGFI	NFI	IFI	TLI	CFI	RMSEA
统计值	1268.8	806	1.574	0.843	0.824	0.851	0.940	0.935	0.939	0.043

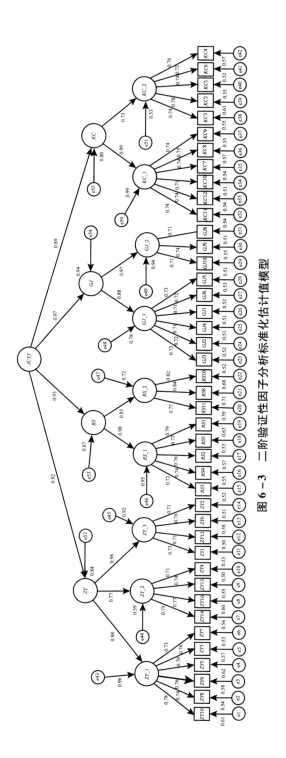

图 6－3　二阶验证性因子分析标准化估计值模型

第四节　基础研究类创新型科技人才多元智能评价指标体系构建及应用

一、多元智能评价指标体系构建

对智能的方差累计贡献率、特征能力的特征值、特征要素的因子载荷值进行归一化处理，并确定其权重，构建基础研究类创新型科技人才多元智能评价指标体系（见表6-6）。

表6-6　　基础研究类创新型科技人才多元智能评价指标体系

一级指标/权重	二级指标/权重	三级指标/权重
知识－语言力智能/0.255	专业学习能力/0.235	自主学习能力/0.028
		持续学习意识/0.026
		新知识接受能力/0.024
		专业理论知识/0.024
		认识论和方法论知识/0.023
		交叉学科知识/0.020
	语言运用能力/0.064	口语表达能力/0.025
		文字写作能力/0.025
		说服能力/0.022
		人文社会科学知识/0.020
	学习基础知识能力/0.040	外语水平/0.028
		理论概括能力/0.022
		学科前沿知识/0.019
		计算机水平/0.018

续表

一级指标/权重	二级指标/权重	三级指标/权重
认知－思维力智能/0.246	思维能力/0.145	批判性思维/0.029
		逆向性思维/0.026
		发散性思维/0.025
		直觉思维/0.021
		逻辑性思维/0.019
	一般认知力/0.042	记忆力/0.028
		想象力/0.024
		注意力/0.017
管理－决策力智能/0.253	人际管理能力/0.162	矛盾处理/0.027
		情绪控制与觉察/0.026
		团队精神/0.024
		沟通交流/0.024
		领导能力/0.024
		组织协调/0.024
	实践决策能力/0.055	市场预见能力/0.028
		解决问题能力/0.025
		实践工作经验/0.023
科研－创新力智能/0.246	创新科研能力/0.192	创新思维/0.028
		创新能力/0.026
		创新意识/0.024
		实验技术能力/0.022
		选题能力/0.019
		研究能力/0.019
	科研绩效能力/0.065	自主知识产权/0.028
		科研奖励情况/0.028
		科研项目情况/0.027
		科研经验分享/0.022
		人才培养/0.019

二、基于 TOPSIS 算法的基础研究类创新型科技人才评价

TOPSIS 算法的核心思想是：现有解中与理想解差距最小的解即为最优解。设有 m 个基础研究类创新型科技人才，n 个基础研究类创新型科技人才评价指标，则基于 TOPSIS 算法的基础研究类创新型科技人才评价步骤如下：

第一步，构建标准化决策矩阵：

$$Y = [C_{ij}]_{m \times n}, \quad (1 \leq i \leq m, \ 1 \leq j \leq n)$$

式中：C_{ij} 表示第 i 个基础研究类创新型科技人才的第 j 个评价指标。

第二步，计算规范化矩阵：

$$R = [r_{ij}]_{m \times n}, \quad (1 \leq i \leq m, \ 1 \leq j \leq n)$$

式中：r_{ij} 表示第 i 个基础研究类创新型科技人才第 j 个指标的标准化值。

第三步，计算加权决策矩阵：

$$X = [x_{ij}]_{m \times n} = [\omega_j \times r_{ij}]_{m \times n}, \quad (1 \leq i \leq m, \ 1 \leq j \leq n)$$

式中：ω_j 表示第 j 个指标的权重值。

第四步，确定正理想解和负理想解：

$$D^* = (x_1^*, \ x_2^*, \ \cdots, \ x_n^*), \quad x_j^* = \{(\max x_{ij} \mid j \in J_1), \ (\min x_{ij} \mid j \in J_2)\}$$

$$D^- = (x_1^-, \ x_2^-, \ \cdots, \ x_n^-), \quad x_j^* = \{(\min x_{ij} \mid j \in J_1), \ (\max x_{ij} \mid j \in J_2)\}$$

$$(1 \leq i \leq m, \ 1 \leq j \leq n)$$

式中：J_1 是效益性指标（正向指标），J_2 是成本型指标（负向指标）。

第五步，计算各个解与正、负理想解的欧氏距离：

$$d_i^* = \left[\sum_{j=1}^n (x_{ij} - x_j^*)^2\right]^{1/2}, \ d_i^- = \left[\sum_{j=1}^n (x_{ij} - x_j^-)^2\right]^{1/2},$$

$$(1 \leq i \leq m, \ 1 \leq j \leq n)$$

式中：x_j^* 与 x_j^- 分别表示第 j 个指标的正、负理想值。

第六步，计算各基础研究类创新型科技人才的评价结果与理想解的相对

接近程度：

$$G_i^* = d_i^- / (d_i^* + d_i^-) , (1 \leqslant i \leqslant m)$$

其中，G_i^* 值越大，表明评价结果与理想解的距离越近，说明该基础研究类创新型科技人才的能力越强。

三、智能结构图绘制

参考何开煜等（2018）[①] 提出的四象限定位图，绘制人才智能结构图。首先，取所有被评价对象四项智能得分的中位数绘制基准智能结构图，以得到被评价对象的平均水平。其次，绘制人才智能结构图并与基准智能结构图进行比较，得出被评价对象的优劣势智能作为人才培养和选拔的依据。根据优势智能的项数可将人才智能结构分为筝形智能结构、梯形智能结构、三棱锥形智能结构和菱形智能结构四种（见图6-4）。

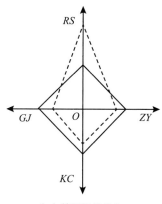

（a）筝形智能结构

---

① 何开煜，潘云涛，赵筱媛. 国际大科学工程中的国家贡献评价体系构建与实证 [J]. 中国科技论坛，2018（6）：14-24.

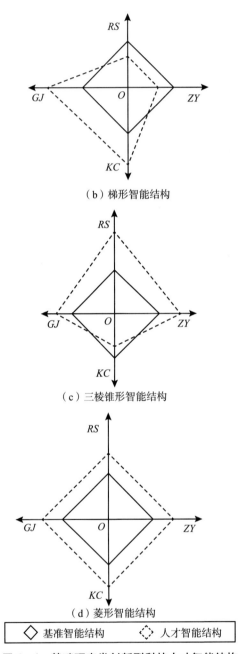

（b）梯形智能结构

（c）三棱锥形智能结构

（d）菱形智能结构

◇ 基准智能结构　◇ 人才智能结构

图6-4　基础研究类创新型科技人才智能结构

根据多元智能理论，多数人都拥有筝形智能结构，即只有一项智能较为突出。拥有优势智能的人才在工作和生活中通常倾向于依靠优势智能解决问题，同时在优势智能占主导地位的工作岗位上较容易有杰出表现，针对优势智能制定的人才培养计划也更能达到目标效果，因此在进行人才选拔、培养和任用时，应将重点放在引导人才展示和发展自己的优势智能上。

四、应用实例

选取某"双一流"建设高校 4 位从事基础研究的科研工作者作为评价对象（见表 6 – 7），运用基础研究类创新型科技人才多元智能评价指标体系对 4 位研究对象进行评价，绘制人才智能结构图（见图 6 – 5），并进行分析。

表 6 – 7　　　　　某"双一流"建设高校 4 位基础研究类创新型

科技人才的基本信息及评价结果

人才编号	年龄（岁）	职称	研究领域	成果排名	d_i^*	d_i^-	G_i^*	ZY	RS	GJ	KC
1	49	教授	数学	3	0.217	0.217	0.500	0.044	0.752	0.766	0.364
2	47	副教授	物理学	4	0.298	0.074	0.199	0.334	0.131	0.228	0.073
3	50	教授	化学	1	0.051	0.309	0.858	0.770	0.548	0.729	0.827
4	43	副教授	生物科学	2	0.240	0.101	0.296	0.354	0.219	0.342	0.285

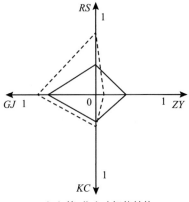

（a）第1位人才智能结构

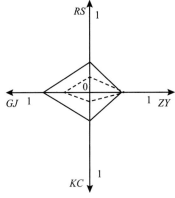

（b）第2位人才智能结构

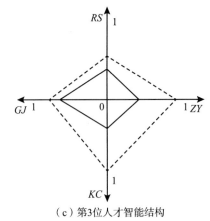

（c）第3位人才智能结构

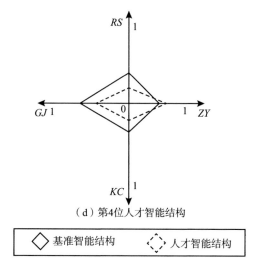

（d）第4位人才智能结构

◇ 基准智能结构　　◇ 人才智能结构

图6－5　某"双一流"建设高校4位基础研究类

创新型科技人才的智能结构

　　分析结果显示，该"双一流"建设高校4位基础研究类人才中第3位人才的评价结果排名第一，观察人才智能结构图可知，第3位人才在知识－语言力和科研－创新力这两项衡量基础研究类创新型科技人才科研能力的重要因素上得分显著高于其他三位人才，综合而言，第3位人才的智能发展已接近于完美，因此对第3位人才的培养重点应放在为其提供良好的科研环境上。第1位人才在认知－思维力智能上的得分在4位人才中排名第一，但在知识－语言力智能上的不足影响其科研成果的产出，对第1位人才的培养应从弥补其在知识－语言力智能上的弱势着手。第2位人才和第4位人才的评价结果相近，两位人才在4项智能上的水平均不同程度地低于平均值，因此，对于第2位人才和第4位人才应以引导其发现并展示出自己的优势智能为起点，再进一步制定相应的培养计划。

第五节　研究结论与启示

一、研究结论

　　人才是科技创新最关键的因素，创新驱动实质上是人才驱动，只有尊重人才、培养人才、凝聚人才，才能在科技创新领域走在世界前列。创新型科技人才在创新实践过程中所表现出来的多样化的思维方式、素质技能和个性特征等都表明了人才智能的多元化组合，多元智能理论所提出的发展性评价以及智能组合多元化的观点极好地适应了国家所提出的人才评价精准性和科学性要求，因此，将多元智能理论与科技人才评价相结合能够创新人才评价机制，促进人才评价的科学性。

二、实践启示

　　首先，以展现智能为中心，科学选择评价方法。近年来，以情景模拟为核心思想的评价中心技术得到越来越广泛的运用①，即根据所要考察的能力设定相对应的情境，考察被评价对象在相应情境中的表现，这与本章提出的根据智能维度选择评价方法的建议相吻合，因而可借助评价中心技术中的各种测评技术对人才的各项智能维度进行评价，保障评价结果的科学性。

　　其次，以培养人才为目标，科学运用评价结果。人才培养应遵循人才的成长规律。借助本章构建的多元智能评价指标体系，可获得被评价对象的优

---

　　① 王峥，王咏梅. 高层次创新型科技人才选拔中评价中心技术应用初探——以科研项目负责人为例［J］. 科技管理研究，2012，32（1）：122 – 125.

势智能和弱势智能并据此制定相应的培养方案，有助于完善人才结构。

三、研究局限与展望

将多元智能理论应用于创新型科技人才评价，本章是一种尝试，亦因如此，在基础研究类创新型科技人才各智能指标的完备性及其评价方法和评价结果的运用上仍存在不足，这也正是本章在后续研究中要加以改进的。另外，多元智能理论也可应用到应用研究类、技术开发类和成果转化类人才的分类评价中，本章可为多元智能理论与上述三类人才评价的结合提供思路和借鉴。

第七章

创新型科技人才多元评价系统的实施^①

科学的科技人才评价，不仅要保证评价程序的独立、公开，评价标准的客观、公平，还要保证评价结果的合理、公正。国外科技人才评价经验表明，科学的评价理念、正确的评价方法和完善的评价制度是科技人才评价顺利实施的重要前提条件。然而，在具体实施评价过程中，还必须从建立协同保障机制、强化综合监督机制和设立评价申诉系统三方面精心组织和认真实施，以实现评价的实践效果。

---

① 杨月坤. 创新型科技人才多元评价系统的构建与实施［J］. 经济论坛，2018（11）：90－95.

第一节 建立协同保障机制

破除现有评价体制壁垒，突破现有评价机制障碍，建立政府、行业协会、金融机构等多部门、多机构、多单位的协同保障机制是遵循科技创新规律，尊重科技人才特点与成长规律①，满足多主体需求的协同创新模式，有利于提高科技人才评价的客观性和完备性。协同保障机制架构模型框架，如图 7 – 1 所示。

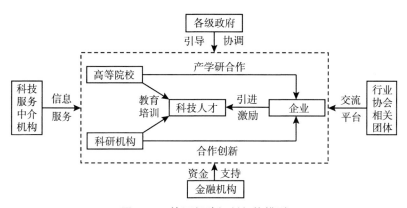

图 7 – 1 协同保障机制架构模型

资料来源：张向前. 中国"十三五"适应创新驱动的科技人才发展机制研究［M］. 北京：光明日报出版社，2015。

一、政府层面

政府重视科技人才评价的根本目的在于发挥科技人才评价的"指挥棒"和"风向标"作用，充分调动人才"第一资源"的积极性，为创新型国家建

---

① 周晓辉. 创新型科技人才培养中协同体协同机制研究［J］. 高教探索，2013（6）：57 – 61.

设贡献力量①。因此，各级政府要进一步厘清自己在科技人才评价中的角色认知和职能定位，从过去的纯粹管理者转变成为人才评价政策的制定者、人才评价制度执行的监督者和人才评价过程的参与者，通过政策制定、平台搭建、机制建立等推动行业协会、金融机构等各方主体自觉地走向协同，并注重发挥各方主体的内在协同动力。与此同时，各级政府要从转变政府行政职能、制定和完善积极、开放、有效的人才政策体系等方面为科技人才评价发挥好政策引导、关系协调和氛围营造等作用，既做到不缺位、不越位，又做到有所为、有所不为，为科技人才评价提供政策与法律保障。

二、行业协会相关团体层面

同行评议是行业协会相关团体对科技人才评价的主导方法。因此，行业协会相关团体要积极做好国内各学科领域优秀专家和优秀学者的遴选工作，逐步建立覆盖不同学科领域、不同层次类别的科技人才评价专家数据库并实行动态调整，为同行评议提供坚实保障②。与此同时，强化国际合作，不断拓宽国际同行评议的领域和范围，规范国际化评审的流程和要求，确保从国际视野和科技前沿领域来评测科技人才的成果，提高人才评价的前瞻性、前沿性和权威性③，为科技人才评价提供专业保障。

三、科技服务中介机构层面

科技服务中介机构在科技人才评价中发挥着纽带和桥梁作用，可以为科

---

① 张豪，张向前. 我国"十三五"期间适应创新驱动的科技人才评价机制研究［J］. 科技与经济，2015，28（4）：76-80.

② 姚凯. "人才帽子"不是永久标签［N］. 解放日报，2018-10-29（15）.

③ 高阳. 如何创新人才评价机制［N］. 中国组织人事报，2016-05-25（1）.

技人才评价提供专业化、市场化的支撑性服务①。因此，要运用法律和行政等手段，通过建立科学的资质标准和认证管理办法，加强科技服务中介机构的建设；积极引入国际评价、社会评价和市场评价，提供专业化、市场化、社会化和国际化的中介评价服务。与此同时，要加大对科技服务中介机构的监督和管理力度，确保科技服务中介机构规范运作、有序发展②，为科技人才评价提供信息保障。

四、金融机构层面

完善的科技金融服务体系是科技人才评价的重要支撑和保障。因此，要加快金融机构建设，积极开展服务科技人才评价的金融创新，紧密结合产业链的发展要求，部署创新链，布局人才链，优化服务链，完善资金链，实现"五链"深度融合，为科技人才评价的理论模型研究、测评软件和评价工具的研制、测评技术和评价方法的开发以及人才评价数据系统的建设等提供资金保障。

五、企业层面

企业是科技人才的使用主体和直接受益者，科技人才是企业科技创新的核心。发现人才、用好人才、激励人才，推动科技人才为企业创造出有价值的创新型成果是企业对科技人才评价的基本诉求。因此，相关企业应从内部建立一套客观、公正的评价体系和激励机制，以实现对科技人才的有效管理，为科技人才评价提供管理保障。

---

① 张文红，张骁，翁智明. 制造企业如何获得服务创新的知识？——服务中介机构的作用 [J]. 管理世界，2010，22（10）：122 - 134.

② 佟亚丽，董志超. 坚持社会化的人才评价方式 [N]. 中国人事报，2007 - 01 - 26（2）.

六、高等院校和科研机构层面

高等院校和科研机构作为两个重要的创新主体，在国家创新体系中占据着极其重要的地位，科技人才是其兴旺发达之本。"政产学研用"五位一体合作是高等院校和科研机构服务国家经济社会发展的迫切需要，也是评价科技人才创新能力、创新成果的重要内容。因此，高等院校和科研机构要不断提高办学质量，注重利用自身的学科优势、教学优势，加强评价基础理论的研究，培养社会急需的高水平的评价人才，开发先进、科学的评价技术和测评软件，为科技人才评价提供人才与技术保障。

第二节 强化综合监督机制

科技人才评价是评价科技人才工作绩效和发展潜能的重要抓手。因此，为了保障科技人才评价体系的全面完整、评价标准的精准科学、评价过程的规范有序、评价程序的公开透明和评价结果的客观公正，必须强化综合监督机制，以提高科技人才评价的规范性和透明性。

一、加强人才评价法制建设

人才法制建设是做好科技人才评价的关键。要进一步加强人才法制建设，推动人才评价立法，不断改革和完善人才评价的体制机制，使人才评价工作走上法制化、规范化的发展轨道①。首先，通过制定相关的法律法规，将科

---

① 姜睿雅. 以完善的人才评价机制激发人才活力 [J]. 中国人才，2013（11）：56 – 57.

技人才评价的规范化和制度化政策上升到法律的高度，如建立职称评审、水平评价和人才评奖等自由申报制度，完善评审回避制度、民主表决制度和专家信誉制度等。其次，制定或完善大力扶持科技人才评价中介组织发展和规范的政策法规体系，坚持全面推进与分类指导相结合，鼓励社会中介机构发挥专业性、独立性作用①，提供市场化和社会化的科技人才评价服务，完善科技人才评价社会服务综合体系。

二、规范人才评价运作程序

程序规范是科技人才评价的重要前提和重要保障。首先，依据评价目标（目的），由评价主体按照既定的评价程序，运用科学的评价标准和评价方法，对评价对象进行客观公正的评价，确保评价过程与评价程序相一致。其次，加强对评价过程的监督和管理，力求评价过程的所有环节均向社会公开，以保证运作程序的规范性、透明性和独立性，实现评价结果的公开、公平和公正。

三、推进综合监督体系建设

除了健全法律法规和透明运作程序外，科学规范的科技人才评价工作还必须完善政府、社会、行业、用人单位等多元化监管体系，通过加强对科技人才评价全链条的监督管理，不断推进监管法治化、标准化和信息化。首先，加强人才评价的内部监督。要始终将科技人才评价置于有效的组织监督之下，既注重组织面上的一般监督，更注重对重点环节的重点监督。其次，加强人才评价的外部监督。在发挥好政府部门或政府科研管理部门下设的专门监督

---

① 杨丽坤，马建新. 关于构建科学合理的社会化人才评价机制的思考［J］. 宁夏党校学报，2014（5）：63－66.

管理机构监督的同时，注重拓宽监督的主体范围，加大社会各方力量的参与力度和监督力度，通过新闻监督、舆论监督和网络监督等形式，提高人才评价工作的准确性和透明度，确保评价工作的客观公正。

第三节　设立评价申诉系统

科技人才评价既是一门科学，也是一门艺术。评价内容的复杂性决定了在具体评价实施过程中，由于可能受到评价指标模糊、评价方法不当以及评价程序不规范等多种因素的影响，以及评价主体理解偏误、操作失误等方面的干扰，使得科技人才评价难以做到科学、客观、公正。为了尽可能地提高科技人才评价的科学性和准确性，就必须给评价对象一定的话语权，允许评价对象异议答辩、申诉问责、参与表达、资政建言，切实保障评价对象对评价工作的知情权和监督权，因此，需要在科技人才评价系统中设立评价申诉子系统，以提高科技人才评价的公平性和准确性。

一、明确评价申诉受理的内容

评价申诉受理的内容涉及评价过程的各个方面，但主要包括两个部分：一是评价程序方面。如果评价对象认为评价主体在进行评价时，违反了相关程序和政策，或存在失职、失察行为，可以进行申诉，要求相关部门进行调查处理，确保评价工作的公平公正。二是评价结果方面。如果评价对象无法认同对于自己的评价结果，或发现评价数据不准确，也可以向相关部门提出申诉，阐明申诉理由，纠正错误结果[1]。

---

① 安鸿章. 企业人力资源管理师［M］. 北京：中国劳动社会保障出版社，2014：267 - 268.

二、发挥评价申诉系统的作用

科技人才评价是一个完整的综合系统，评价申诉系统作为这一系统的子系统和重要环节，是实现科技人才评价公平性的重要保障。设立评价申诉系统不仅可以纠正科技人才评价过程中的偏差，提高评价对象对科技人才评价系统的接受和认同程度，也可以给评价主体一定的约束和压力、增强其责任性，促使其更加重视评价过程中信息的采集和数据的获取，提高科技人才评价工作的严肃性。

近年来，在国家大力实施创新驱动发展战略和积极推进人才强国战略的影响下，我国科技人才的创新意识不断激发、创新动力不断增强、创新能力不断提升、创新成果竞相涌现[①]，但是在科技人才评价方面，尤其在评价理念、评价方法、评价制度等方面还存在很多问题。本章通过梳理和总结英国、美国、德国等发达国家的科技人才评价经验发现，科学的评价理念、正确的评价方法和完善的评价制度是科技人才评价顺利实施的重要前提条件，同时，在具体实施评价过程中，建立协同保障机制、强化综合监督机制和设立评价申诉系统才能确保科技人才评价的顺利实施。我们相信，通过深入推进人才发展体制机制改革，不断创新和改进科技人才评价激励机制与容错纠错机制，切实做好科技人才的选拔、任用和激励工作，一定能最大限度释放和激发科技人才的创新创造创业活力。

---

① 方阳春，黄太钢，薛希鹏，等. 国际创新型企业科技人才系统培养经验借鉴——基于美国、德国、韩国的研究 [J]. 科研管理，2013，34（S1）：230-235.

| 第八章 |

结　语

本书以国家层面出台的一系列指导性文件为统领，以创新型科技人才为研究对象。第一，运用文献研究法，阐述了创新型科技人才的内涵、特征与分类，探讨了知识价值的内涵、特征与分类，并全面、系统地梳理了创新型科技人才评价的相关理论；第二，基于创新型科技人才评价理论，分析了我国创新型科技人才评价系统存在的主要问题与成因，并借鉴国外科技人才评价经验与启示，提出了以注重知识价值为导向的创新型科技人才多元评价系统构建的原则与思路；第三，基于胜任力模型理论和知识价值理论构建了创新型科技人才知识价值"三位一体"测度模型，并运用探索性因子分析、验证性因子分析和回归分析法对该模型进行了验证，最终构建了包含 3 个一级指标、8 个二级指标和 17 个三级指标的创新型科技人才多元评价指标体系；第四，以成果转化类创新型科技人才为例，探讨了成果转化类创新型科技人才评价指标体系的构建，进一步验证了创新型科技人才知识价值"三位一体"评价模型；第五，遵循分类评价原则，以基础研究类创新型科技人才为例，构建了基础研究类创新型科技人才四智能特征结构模型，运用 TOPSIS 多指标决策算法对科技人才的多元智能进行评价测度、绘制人才智能结构图实现了对科技人才更为直观的评价，探讨了创新型科技人才分类评价的实践与应用；第六，研究提出了创新型科技人才多元评价系统的应用对策。然而，创新型科技人才评价涉及面广，情况复杂而且高度敏感，因此，必须强力推进深化科技人才评价机制改革，不断完善创新型科技人才多元评价系统，以充分发挥人才评价的"指挥棒"作用，激发创新型科技人才的创新创业创造活力。

当然，尽管本书做了大量的调查和研究工作，但是由于各方面的原因，还存在一些问题和不足，需要在今后的研究中加以解决。

众所周知，科技人才评价是人才发展的基础性制度和深化科技体制改革的重要内容，科技人才评价的根本目的是识才、选才、引才、激才、用才、聚才，科学的人才评价机制有利于调动科技人才的积极性、主动性和创造性，增强科技人才的"获得感"，激发科技人才的创新活力。党的二十大提出，必须坚持科技是第一生产力、人才是第一资源、创新是第一动力，深入实施科教兴国战略、人才强国战略、创新驱动发展战略，开辟发展新领域新赛道，不断塑造发展新动能新优势。习近平总书记也强调，要遵循科技创新规律和人才成长规律，以激发科技人才创新活力为目标，按照创新活动类型构建以创新价值、能力、贡献为导向的科技人才评价体系，引导人尽其才、才尽其用、用有所成。因此，针对当前科技人才评价在"破四唯"后"立新标"不到位、资源配置评价改革不深入、人才评价主体与用人主体不统一、用人单位评价制度建设不完善、评价方式创新不积极等突出问题，还有必要开展科技人才评价的深入研究，以聚焦国家重大科技创新活动，探索科技人才评价系统的持续改进与完善，突出国家使命导向，重塑科技人才价值链，激发科技人才创新活力，为进一步完善科技人才评价机制奠定良好基础，为实现高水平科技自立自强和建设世界科技强国提供有力人才支撑。

创新型科技人才初试调查问卷

尊敬的女士/先生：

您好！我们正在进行关于创新型科技人才知识价值评价指标的调查研究，您所提供的答案对我们的研究具有很大的意义，希望得到您的支持。我们承诺对关于您及您企业的信息严格保密。对您的支持我们表示衷心的感谢！

第一部分　基　本　信　息

请您在相应的选项上打钩"√"。

1. 性别：□男　□女

2. 工作单位：□高校　□研究所　□科技企业　□事业单位　□政府机构

3. 工作年限：□1～2年　□3～5年　□6～10年　□10年以上

4. 学历：□专科及以下　□本科　□硕士　□博士及以上

5. 专业技术职务：□两院院士、杰出青年基金获得者、长江学者奖励计划获得者、百人计划入选者　□正高级　□副高级　□中级及以下

6. 研究领域：□基础研究　□应用研究　□技术开发　□科技管理

第二部分　创新型科技人才问卷

请您根据自身的实际工作情况填写：对下列指标的重要程度进行打分，

1~5表示从"非常不重要"到"非常重要",请您在相应的数字上打钩"√"。

类别	序号	题项	重要程度				
			非常不重要	不重要	一般重要	比较重要	非常重要
A. 隐性知识价值	A1	职业操守	1	2	3	4	5
	A2	从业行为	1	2	3	4	5
	A3	学术规范	1	2	3	4	5
	A4	社会责任	1	2	3	4	5
	A5	诚信承诺	1	2	3	4	5
	A6	价值观念	1	2	3	4	5
	A7	竞争意识	1	2	3	4	5
	A8	科学精神	1	2	3	4	5
	A9	创新思维	1	2	3	4	5
	A10	身体素质	1	2	3	4	5
	A11	创新品质	1	2	3	4	5
B. 显性知识价值	B1	心理行为特征	1	2	3	4	5
	B2	意志力	1	2	3	4	5
	B3	知识技能特征	1	2	3	4	5
	B4	创新能力	1	2	3	4	5
	B5	创新智能素质	1	2	3	4	5
	B6	实践能力	1	2	3	4	5
	B7	社会适应能力	1	2	3	4	5
	B8	管理能力	1	2	3	4	5
C. 流通知识价值	C1	工作绩效	1	2	3	4	5
	C2	创新成果	1	2	3	4	5
	C3	创新水平	1	2	3	4	5
	C4	创新影响力	1	2	3	4	5
	C5	经济效益	1	2	3	4	5
	C6	社会效益	1	2	3	4	5

创新型科技人才正式调查问卷

尊敬的女士/先生：

　　您好！我们正在进行关于创新型科技人才知识价值评价指标的调查研究，您所提供的答案对我们的研究具有很大的意义，希望得到您的支持。我们承诺对关于您及您企业的信息严格保密。对您的支持我们表示衷心的感谢！

第一部分　基 本 信 息

　　请您在相应的选项上打钩"√"。

　　1. 性别：□男　　□女

　　2. 工作单位：□高校　　□研究所　　□科技企业　　□事业单位　　□政府机构

　　3. 工作年限：□1～2 年　　□3～5 年　　□6～10 年　　□10 年以上

　　4. 学历：□专科及以下　　□本科　　□硕士　　□博士及以上

　　5. 专业技术职务：□两院院士、"国家杰出青年基金"获得者、"长江学者奖励计划"获得者、"百人计划"入选者　　□正高级　　□副高级　　□中级及以下

　　6. 研究领域：□基础研究　　□应用研究　　□技术开发　　□科技管理

第二部分　创新型科技人才问卷

　　请您根据自身的实际工作情况填写：对下列指标的重要程度进行打分，

1～5 表示从"非常不重要"到"非常重要",请您在相应的数字上打钩"√"。

类别	序号	题项	重要程度				
			非常不重要	不重要	一般重要	比较重要	非常重要
A. 隐性知识价值	A1	职业操守	1	2	3	4	5
	A2	从业行为	1	2	3	4	5
	A3	学术规范	1	2	3	4	5
	A4	社会责任	1	2	3	4	5
	A5	诚信承诺	1	2	3	4	5
	A6	价值观念	1	2	3	4	5
	A7	竞争意识	1	2	3	4	5
	A8	科学精神	1	2	3	4	5
	A10	身体素质	1	2	3	4	5
	A11	创新品质	1	2	3	4	5
B. 显性知识价值	B1	心理行为特征	1	2	3	4	5
	B2	意志力	1	2	3	4	5
	B3	知识技能特征	1	2	3	4	5
	B4	创新能力	1	2	3	4	5
	B5	创新智能素质	1	2	3	4	5
	B6	实践能力	1	2	3	4	5
	B7	社会适应能力	1	2	3	4	5
C. 流通知识价值	C1	工作绩效	1	2	3	4	5
	C2	创新成果	1	2	3	4	5
	C4	创新影响力	1	2	3	4	5
	C5	经济效益	1	2	3	4	5
	C6	社会效益	1	2	3	4	5

分类评价视角下成果转化类创新型科技人才评价研究调查问卷

尊敬的女士/先生：

您好！非常感谢您参与"分类评价视角下成果转化类创新型科技人才评价研究"的问卷调查，您的回答和建议对我们的研究非常重要，希望您能根据自身情况如实回答。本问卷采用匿名形式，问卷中的所有信息均为学术之用，您可放心回答。再一次衷心感谢您的配合和抽出的宝贵时间！

【相关术语释义】

隐性知识价值：即隐性知识创造的价值。隐性知识具体指个体难以使用语言来表达自己内心想法的知识，是在日常的处事行动中所表现出来的经验或者信仰。

显性知识价值：即显性知识创造的价值。显性知识是指可以通过一定的方式如语言文字、图表和数学公式等描述或表达出来的，能够较容易地转移给他人的知识。

流通知识价值：即知识在流通过程中创造的价值。

第一部分　基本信息

请您在相应的选项上打钩"√"。

1. 您的性别：□男　□女

2. 受教育程度：□专科　□本科　□硕士研究生　□博士研究生

3. 工作年限：□5 年及以下　□6～10 年　□11～15 年　□15 年以上

4. 您的工作单位：□企业　□高校　□研究所　□政府机构

5. 您的工作性质：□基础理论研究　□应用研究　□技术开发　□成果转化研究

第二部分　成果转化类创新科技人才特征

请您根据自身的实际工作情况填写：对下列指标的认同程度进行打分，1～5 表示从"非常不同意"到"非常同意"，请您在相应的数字上打钩"√"。

类别	题项	认同程度				
		非常不同意	不同意	不确定	同意	非常同意
隐性知识价值	1. 具有良好的道德品质和职业操守	1	2	3	4	5
	2. 自觉遵守专利和知识产权等法律法规	1	2	3	4	5
	3. 所有科研成果都是独立或合作完成的，拒绝抄袭造假行为	1	2	3	4	5
	4. 标新立异，不迷信权威	1	2	3	4	5
	5. 乐意获取、分享创新思想	1	2	3	4	5
	6. 善于把握规律、创新理论和方法	1	2	3	4	5
	7. 具有刻苦钻研、坚韧不拔的精神	1	2	3	4	5
	8. 在成果转化过程中具有使命感和责任感	1	2	3	4	5
	9. 在科研工作中实现人生自我价值	1	2	3	4	5

续表

类别	题项	认同程度				
		非常 不同意	不同意	不确定	同意	非常 同意
显性知识价值	1. 具有较强的创新思维和逻辑思维	1	2	3	4	5
	2. 具有对本学科未来发展的洞察力和预知能力	1	2	3	4	5
	3. 具备成果转化领域扎实的专业知识	1	2	3	4	5
	4. 具备成果转化领域横向的知识结构	1	2	3	4	5
	5. 具有较强的成果转化实验操作能力	1	2	3	4	5
	6. 具有提供成果转化技术支持的能力	1	2	3	4	5
	7. 具有发现问题、探索问题和解决问题的能力	1	2	3	4	5
	8. 具有总结成果转化工作经验的能力	1	2	3	4	5
	9. 具有较强的团队组织、协调和决策能力	1	2	3	4	5
流通知识价值	1. 发表多篇论文及收录多篇专著	1	2	3	4	5
	2. 拥有多项专利及知识产权	1	2	3	4	5
	3. 发表多篇同行普遍认可的报告	1	2	3	4	5
	4. 主持并完成多项科研项目	1	2	3	4	5
	5. 获得省部级或国家级成果转化类奖励	1	2	3	4	5
	6. 推动科研成果转化产生经济效益	1	2	3	4	5
	7. 推动科研成果转化产生社会效益	1	2	3	4	5
除了上述量表中的考查点外，您认为作为一名成果转化类创新型科技人才还应该具备哪些能力和特征						

| 附录四 |

关于基础研究类创新型科技人才
多元智能的预调查问卷

第一部分 基 本 信 息

请您在相应的选项上打钩"√"。

1. 您的性别：□男 □女

2. 您的年龄：□20 岁及以下 □21 ~ 30 岁 □31 ~ 40 岁 □41 岁及以上

3. 您的受教育程度：□专科 □本科 □硕士 □博士及以上

4. 您的职业：□高校科研工作者 □企事业单位科研工作者 □科研院所科研工作者 □科技人才管理者

第二部分 基础研究类创新型科技人才特征

请您根据自身的实际工作情况填写：对下列指标的认同程度进行打分，1 ~ 5 表示从"非常不同意"到"非常同意"，请您在相应的数字上打钩"√"。

类别	题项	认同程度				
		非常 不同意	不同意	不确定	同意	非常 同意
知识 – 语言力智能	拥有一定的外语水平	1	2	3	4	5
	拥有基础的计算机水平	1	2	3	4	5
	掌握科学研究的方法论知识和认识论知识	1	2	3	4	5
	知晓基础的人文社会科学知识	1	2	3	4	5
	具备本行业的专业理论知识	1	2	3	4	5
	谙熟本专业最新科学成就和发展趋势	1	2	3	4	5
	了解相邻学科以及必要的横向学科知识	1	2	3	4	5
	具有持续学习的意识	1	2	3	4	5
	具备接受新知识的能力	1	2	3	4	5
	具备自主学习的能力	1	2	3	4	5
	拥有良好的经验总结能力	1	2	3	4	5
	拥有良好的理论概括能力	1	2	3	4	5
	拥有说服他人的能力	1	2	3	4	5
	能够将口头语用书面语进行表达	1	2	3	4	5
	能够完整地将语义传达给他人	1	2	3	4	5
	拥有良好的文字写作能力	1	2	3	4	5
认知 – 思维力智能	拥有逻辑性思维，善于进行逻辑性推理	1	2	3	4	5
	拥有发散型思维，善于联想和发散	1	2	3	4	5
	拥有批判性思维，敢于质疑，不迷信权威	1	2	3	4	5
	拥有逆向思维，即求异的思维方向、异质性 思维方式	1	2	3	4	5
	拥有直觉思维，能够依据初步感知迅速地做 出判断	1	2	3	4	5
	拥有灵感思维，突然涌现解决问题的思维过程	1	2	3	4	5
	拥有形象思维，通过直观形象解决问题的思 维方法	1	2	3	4	5
	拥有丰富的想象力	1	2	3	4	5
	拥有敏锐的观察力	1	2	3	4	5
	拥有持久的注意力	1	2	3	4	5
	拥有超强的记忆力	1	2	3	4	5

类别	题项	认同程度				
		非常 不同意	不同意	不确定	同意	非常 同意
管理 – 决策力智能	能够与他人交流讨论并且信任他人的能力	1	2	3	4	5
	能够控制自己的情绪，不影响正常交流，并 且能够察觉他人的情绪和意图	1	2	3	4	5
	能够处理自己与他人以及他人与他人之间的 矛盾、冲突	1	2	3	4	5
	拥有良好的团队协作意识和较强的集体观念	1	2	3	4	5
	具有处理团队内相关事务和合理分配各种收 益的能力	1	2	3	4	5
	拥有能够掌控全局以及进行团队管理和建设 的能力	1	2	3	4	5
	具有敏锐的市场意识和分析市场的能力	1	2	3	4	5
	具备本行业的实际工作经验	1	2	3	4	5
	动手操作能力强，能够解决实际问题并进行 组织指导	1	2	3	4	5
	拥有追踪行业热点以及效益预见能力	1	2	3	4	5
	能够妥善处理突发事件和紧急事件	1	2	3	4	5
	能够全盘把握和分析问题并找到合适的决策 时机	1	2	3	4	5
	实现目标过程中能够及时发现工作偏差并进 行纠正	1	2	3	4	5
	拥有健康的身体素质和心理素质，抗压能力 和挫折耐受性较强	1	2	3	4	5

续表

类别	题项	认同程度				
		非常 不同意	不同意	不确定	同意	非常 同意
科研 – 创新力智能	指导学生和进行团队建设	1	2	3	4	5
	培养学科接班人和进行实验室建设	1	2	3	4	5
	乐于与他人分享自己的科研经验	1	2	3	4	5
	在工作过程中拥有强烈的创新意识,时刻想创新	1	2	3	4	5
	拥有创新思维,能够创造性地解决问题	1	2	3	4	5
	具备创新能力,能够将创新方案付诸实施	1	2	3	4	5
	制定实验方案,进行实验操作以及分析实验结果和数据的能力	1	2	3	4	5
	善于发现问题,不放过"偶然"现象并从中找到选题的能力	1	2	3	4	5
	选择和应用合适的研究方法的能力	1	2	3	4	5
	主持参与国际/国家级/省部级项目的情况	1	2	3	4	5
	获得国际/国家级/省部级奖励情况	1	2	3	4	5
	论文/著作/专利情况	1	2	3	4	5

关于基础研究类创新型科技人才
多元智能的正式调查问卷

第一部分　基　本　信　息

请您在相应的选项上打钩"√"。

1. 您的性别：□男　□女

2. 您的年龄：□20 岁及以下　□21~30 岁　□31~40 岁　□41 岁及以上

3. 您的受教育程度：□专科　□本科　□硕士　□博士及以上

4. 您的职业：□高校科研工作者　□企事业单位科研工作者　□科研院所科研工作者　□科技人才管理者

第二部分　基础研究类创新型科技人才特征

请您根据自身的实际工作情况填写：对下列指标的认同程度进行打分，1~5 表示从"非常不同意"到"非常同意"，请您在相应的数字上打钩"√"。

类别	题项	认同程度				
		非常不同意	不同意	不确定	同意	非常同意
智能素质对创新型科技人才的重要性	知识–语言力智能（基础研究类创新型科技人才对专业基础知识的掌握和更新能力以及对语言的掌握和运用表达能力）	1	2	3	4	5
	认知–思维力智能（基础研究类创新型科技人才的一般认知能力和分析思维能力）	1	2	3	4	5
	管理–决策力智能（基础研究类创新型科技人才进行团队领导和管理的能力以及正确决策的能力）	1	2	3	4	5
	科研–创新力智能（基础研究类创新型科技人才科研活动过程中的创新能力和科研绩效成果）	1	2	3	4	5
知识–语言力智能	具备自主学习的能力	1	2	3	4	5
	具有持续学习的意识	1	2	3	4	5
	具备接受新知识的能力	1	2	3	4	5
	具备本行业的专业理论知识	1	2	3	4	5
	掌握科学研究的方法论知识和认识论知识	1	2	3	4	5
	了解相邻学科以及必要的横向学科知识	1	2	3	4	5
	能够将口头语用书面语进行表达	1	2	3	4	5
	拥有良好的文字写作能力	1	2	3	4	5
	拥有说服他人的能力	1	2	3	4	5
	知晓基础的人文社会科学知识	1	2	3	4	5
	拥有一定的外语水平	1	2	3	4	5
	拥有良好的理论概括能力	1	2	3	4	5
	谙熟本专业最新科学成就和发展趋势	1	2	3	4	5
	拥有基础的计算机操作水平	1	2	3	4	5

续表

类别	题项	认同程度				
		非常不同意	不同意	不确定	同意	非常同意
认知–思维力智能	拥有批判性思维，敢于质疑，不迷信权威	1	2	3	4	5
	拥有逆向思维，即求异的思维方向、异质性思维方式	1	2	3	4	5
	拥有发散型思维，善于联想和发散	1	2	3	4	5
	拥有直觉思维，能够依据初步感知迅速地做出判断	1	2	3	4	5
	拥有逻辑性思维，善于进行逻辑性推理和思考	1	2	3	4	5
	拥有超强的记忆力	1	2	3	4	5
	拥有丰富的想象力	1	2	3	4	5
	拥有持久的注意力	1	2	3	4	5
管理–决策力智能	能够处理自己与他人以及他人与他人之间的矛盾、冲突	1	2	3	4	5
	能够控制自己的情绪，不影响正常交流，并且能够察觉他人的情绪和意图	1	2	3	4	5
	拥有良好的团队协作意识和较强的集体观念	1	2	3	4	5
	能够与他人交流讨论并且信任他人的能力	1	2	3	4	5
	拥有能够掌控全局以及进行团队管理和建设的能力	1	2	3	4	5
	具有处理团队内相关事务和合理分配各种收益的能力	1	2	3	4	5
	具有敏锐的市场意识和分析市场的能力，能够追踪行业热点以及进行效益预见	1	2	3	4	5
	动手操作能力强，能够解决实际问题并进行组织指导	1	2	3	4	5
	具备本行业的实际工作实践经验	1	2	3	4	5

续表

类别	题项	认同程度				
		非常 不同意	不同意	不确定	同意	非常 同意
科研－创新力 智能	拥有创新思维，能够创造性地解决问题	1	2	3	4	5
	具备创新能力，能够将创新方案付诸实施	1	2	3	4	5
	在工作过程中拥有强烈的创新意识，时刻想 创新	1	2	3	4	5
	制定实验方案，进行实验操作以及分析实验 结果和数据的能力	1	2	3	4	5
	善于发现问题，不放过"偶然"现象并从 中找到选题的能力	1	2	3	4	5
	选择和应用合适的研究方法的能力	1	2	3	4	5
	论文/著作/专利等自主知识产权情况	1	2	3	4	5
	获得国际/国家级/省部级奖励情况	1	2	3	4	5
	主持参与国际/国家级/省部级项目的情况	1	2	3	4	5
	乐于与他人分享自己的科研经验	1	2	3	4	5
	指导学生和进行团队建设	1	2	3	4	5

参 考 文 献

［1］阿尔文·托夫勒 . 第三次浪潮 ［M］. 黄明坚，译 . 北京：中信出版社，2018.

［2］阿姆斯特朗 . 课堂中的多元智能：开展以学生为中心的教学 ［M］. 张咏梅，王振强，译 . 北京：中国轻工业出版社，2003.

［3］安鸿章 . 企业人力资源管理师 ［M］. 北京：中国劳动社会保障出版社，2014.

［4］彼得·德鲁克 . 不连续时代 ［M］. 北京：工人出版社，1989.

［5］彼得·德鲁克 . 管理的实践 ［M］. 北京：机械工业出版社，2009.

［6］彼特·德鲁克 . 知识管理 ［M］. 北京：中国人民大学出版社，1999.

［7］陈搏，王苏生 . 知识价值转换与知识价值测度 ［J］. 工业技术经济，2007，26（11）：90 - 93.

［8］陈晴 . 基于模糊方法的研发人员绩效考核体系研究 ［J］. 中外企业家，2016（2）：180，184.

［9］陈苏超 . 高层次创新型科技人才评价及对策研究 ［D］. 太原：太原理工大学，2014.

［10］陈苏超，薛晔 . 基于模糊神经网络的高层次创新型科技人才的评价 ［J］. 太原理工大学学报，2014，45（3）：420 - 424.

［11］陈万思，赵曙明．中国最佳雇主人力资源总监胜任力模型研究
［J］．管理学报，2010，7（9）：1308－1315．

［12］陈万思．纵向式职业生涯发展与发展性胜任力——基于企业人力
资源管理人员的实证研究［J］．南开管理评论，2005（6）：17－23．

［13］陈禹，谢康．知识经济的测度理论与方法［M］．北京：中国人民
大学出版社，1998．

［14］程萍，刘涛．卢曼理论视角下我国科技人才评价指标体系解析
［M］．北京：国家行政学院出版社，2011．

［15］初铭畅，熊晓路，于洋．因子分析在创新型科技人才竞争力评价
中的应用［J］．辽宁工业大学学报（自然科学版），2012，32（5）：343－
346．

［16］丹尼尔·贝尔．后工业社会［M］．北京：科学普及出版社，1985．

［17］邓荔萍．基于REF的科学评价方法研究［D］．天津：天津师范大
学，2012．

［18］丁福兴．高校教师教学质量多元评价体系的构建：理据与框架
［J］．现代教育科学，2012（1）：146－149．

［19］丁月华．基于层次分析法的创新型人才评价体系［J］．中北大学学
报（社会科学版），2011，27（2）：42－45．

［20］董超，李正风．科技人才评价中的发展性理念——剑桥大学的案
例及启示［J］．科研管理，2013，34（S1）：25－30．

［21］范领进．知识价值理论研究［D］．长春：吉林大学管理学院，
2004．

［22］方阳春，黄太钢，薛希鹏，等．国际创新型企业科技人才系统培
养经验借鉴——基于美国、德国、韩国的研究［J］．科研管理，2013，34
（S1）：230－235．

［23］房国忠，王晓钧．基于人格特质的创新型人才素质模型分析［J］．

东北师大学报（哲学社会科学版），2007（3）：106 – 109.

　　［24］封铁英.科技人才评价现状与评价方法的选择和创新［J］.科研管理，2007（S1）：30 – 34.

　　［25］冯明，尹明鑫.胜任力模型构建方法综述［J］.科技管理研究，2007（9）：229 – 230，233.

　　［26］冯雪，刘倩，李晓妍.河北省科技人才分类评价［J］.合作经济与科技，2017（4）：149 – 150.

　　［27］高超，杨帆，李昱婷，等.一种科技人才职称分类评价方法：中国，CN201410552162.6［P］.2015 – 01 – 07.

　　［28］Gardner H.多元智能：7种智能改变命运［M］.沈致隆，译.北京：新华出版社，2004.

　　［29］高等学校知识产权保护管理规定［EB/OL］.http：//pkulaw. cn/fulltext_form. aspx？Gid = 5afb5cf2b3b5632dbdfb，1999 – 04 – 08.

　　［30］高阳.如何创新人才评价机制［N］.中国组织人事报，2016 – 05 – 25（1）.

　　［31］高阳.深化人才发展体制机制改革系列话题讨论之三：如何创新人才评价机制［EB/OL］.http：//www. sx – dj. gov. cn/admin，2016 – 05 – 26.

　　［32］顾卓.科技人才创新能力评价指标体系的相关研究［J］.科技展望，2016（32）：300.

　　［33］关于分类推进人才评价机制改革的指导意见［EB/OL］.http：//www. gov. cn/zhengce/2018-02/26/content_5268965，2018 – 02 – 26.

　　［34］关于进一步加强高等学校知识产权工作的若干意见［EB/OL］.http：//www. moe. gov. cn/srcsite/A16/s7062/200411/t20041108_62052，2004 – 11 – 08.

　　［35］关于进一步加强人才工作的决定［EB/OL］. http：//www. gov. cn/test/2005-07/01/content_11547，2005 – 07 – 01.

［36］关于开展科技人才评价改革试点的工作方案［EB/OL］. http：//www. gov. cn/xinwen/2022-11/10/content_5725973. htm. 2022 - 11 - 10.

［37］关于破除科技评价中"唯论文"不良导向的若干措施（试行）［EB/OL］. http：//www. most. gov. cn/mostinfo/xinxifenlei/fgzc/gfxwj/gfxwj2020/202002/t20200223_151781. htm. 2020 - 02 - 23.

［38］关于深化科技体制改革加快国家创新体系建设的意见［EB/OL］. http：//www. most. gov. cn/yw/201209/t20120924_96972，2012 - 09 - 24.

［39］关于深化人才发展体制机制改革的意见［EB/OL］. http：//news. xinhuanet. com/politics/2016-03/21/c_1118398308，2016 - 03 - 21.

［40］关于深化体制机制改革加快实施创新驱动发展战略的若干意见［EB/OL］. http：//www. sipo. gov. cn/gwyzscqzlssgzbjlxkybgs/bwdt_zlb/1062704，2015 - 05 - 25.

［41］关于深化项目评审、人才评价、机构评估改革的意见［EB/OL］. http：//www. xinhuanet. com/2018-07/03/c_1123074360. htm，2018 - 07 - 03.

［42］关于深化职称制度改革的意见［EB/OL］. http：//www. gov. cn/xinwen/2017-01/08/content_5157911，2017 - 01 - 08.

［43］关于实行以增加知识价值为导向分配政策的若干意见［EB/OL］. http：//www. gov. cn/zhengce/2016-11/07/content_5129805，2016 - 11 - 07.

［44］关于在部分系列设置正高级职称有关问题的通知［EB/OL］. https：//www. sohu. com/a/203771033_100018919. 2017 - 11 - 07.

［45］郭强，张林祥. 科技人才科学管理研究［J］. 软科学，2005（2）：63 - 65.

［46］郭瑛. 企业研发人员知识价值评价研究［D］. 南京：南京航空航天大学，2009.

［47］国家中长期科技人才发展规划（2010—2020 年）［EB/OL］. http：//www. most. gov. cn/tztg/201108/t20110816_89061，2011 - 08 - 16.

［48］国家中长期人才发展规划纲要（2010—2020 年）［EB/OL］. http：//www. gov. cn/jrzg/2010-06/06/content_1621777，2010 – 06 – 06.

［49］韩静，杨力. 基于胜任力模型的人才评价方法研究［J］. 安徽理工大学学报（社会科学版），2009，11（2）：25 – 28.

［50］韩利红. 创新型科技人才的特征及其创新性管理［J］. 河北学刊，2012，32（4）：138 – 141.

［51］韩利红. 河北省创新型科技人才竞争力评价与提升对策［J］. 河北学刊，2009（4）：227 – 229.

［52］韩瑜，邵红芳，薄晓明，等. 试论省属高校拔尖创新人才评价［J］. 山西高等学校社会科学学报，2010（4）：108 – 111.

［53］何开煕，潘云涛，赵筱媛. 国际大科学工程中的国家贡献评价体系构建与实证［J］. 中国科技论坛，2018（6）：14 – 24.

［54］何丽君. 青年科技领军人才胜任力构成及培养思路［J］. 科技进步与对策，2015，32（8）：145 – 149.

［55］胡锦涛. 在中国科学院第十三次院士大会和中国工程院第八次院士大会上的讲话［EB/OL］. http：//www. chinanews. com/news/2006/2006 – 06 – 05/8/739613，2006 – 06 – 05.

［56］胡艳曦，官志华. 国内外关于胜任力模型的研究综述［J］. 商场现代化，2008（31）：248 – 250.

［57］黄小平，李毕琴. 高校科技创新型人才素质结构研究［J］. 心理学探析，2017，37（5）：454 – 458.

［58］黄小平. 五因子素质结构模型构建及其对我国高校创新型科技人才培养的启示［J］. 复旦教育论坛，2017，15（3）：54 – 60.

［59］加德纳. 多元智能新视野［M］. 沈致隆，译. 杭州：浙江人民出版社，2017.

［60］姜睿雅. 以完善的人才评价机制激发人才活力［J］. 中国人才，

2013（11）：56 - 57.

[61] 界屋太一. 知识价值革命 [M]. 北京：东方出版社，1986.

[62] 雷莉. 创新型科技人才培育的 SWOT 分析 [J]. 黑龙江教育学院学报，2017，36（4）：4 - 6.

[63] 雷忠. 高层次人才绩效模糊综合评价研究 [J]. 武汉理工大学学报，2011（3）：505 - 508.

[64] 李敦东. 近 30 年国内多元智能理论研究述评 [J]. 常州大学学报，2012，13（3）：82 - 85.

[65] 李菲菲. 面向知识型企业的知识共享研究 [D]. 西安：西安电子科技大学，2007.

[66] 李光红，杨晨. 高层次人才评价指标体系研究 [J]. 科技进步与对策，2007，24（4）：186 - 189.

[67] 李建忠. 内蒙古资源型企业工程科技人才胜任力模型构建 [J]. 科技管理研究，2013，33（5）：119 - 122.

[68] 李俊卿，胡甲刚. 创新型人才简论 [J]. 教学与管理，2001（22）：9.

[69] 李良成，杨国栋. 广东省创新型科技人才竞争力指标体系构建及评价 [J]. 科技进步与对策，2012，29（19）：130 - 135.

[70] 李良成，杨国栋. 基于因子分析的广东省创新型科技人才竞争力评价 [J]. 科技管理研究，2012（10）：51 - 55.

[71] 李良成，于超. 基于内容分析法的广东省科技创新人才开发政策研究 [J]. 科技管理研究，2018，38（5）：49 - 56.

[72] 李明斐，卢小君. 胜任力与胜任力模型构建方法研究 [J]. 大连理工大学学报（社会科学版），2004，25（1）：28 - 32.

[73] 李鹏程. 谈知识的价值 [J]. 山西图书馆学报，1997（1）：48 - 50.

[74] 李瑞，吴孟珊，吴殿廷. 工程技术类高层次创新型科技人才评价

指标体系研究 [J]. 科技管理研究, 2017, 37 (18): 57-62.

[75] 李思宏, 罗瑾琏, 张波. 科技人才评价维度与方法进展 [J]. 科学管理研究, 2007, 25 (2): 76-79.

[76] 李彦军. 高校高层次人才绩效评价研究 [J]. 中国人才, 2011 (3): 50-58.

[77] 李燕, 肖建华, 李慧聪. 我国科技创新领军人才素质特征研究 [J]. 中国人力资源开发, 2015 (11): 13-20.

[78] 李中斌. 论创新型科技人才竞争力评价指标体系的构建 [J]. 财经理论研究, 2013 (1): 69-73.

[79] 廖志豪. 创新型科技人才素质模型构建研究——基于对 87 名创新型科技人才的实证调查 [J]. 科技进步与对策, 2010, 27 (17): 149-152.

[80] 廖志豪, 廖建华. 创新型科技人才职业素质自我认知 [J]. 中国科技论坛, 2017, 5 (7): 126-133.

[81] 林瑞. 论创新型人才之素质特征 [J]. 中国人才, 2008 (19): 28-29.

[82] 刘瑞波, 边志强. 科技人才社会生态环境评价体系研究 [J]. 中国人口资源与环境, 2014 (7): 133-139.

[83] 刘小婧, 李文梅. 国外科技人才评价机制研究 [J]. 经营管理者, 2016 (4): 127-128.

[84] 刘兴凤, 张安富. 高校工科教师胜任力的研究——模型构建与实证分析 [J]. 高等工程教育研究, 2018 (1): 154-158.

[85] 刘学方, 王重鸣, 唐宁玉, 等. 家族企业接班人胜任力建模——一个实证研究 [J]. 管理世界, 2006 (5): 96-106.

[86] 刘亚静, 潘云涛, 赵筱媛. 高层次科技人才多元评价指标体系构建研究 [J]. 科技管理研究, 2017 (24): 61-67.

[87] 刘元春. 构建多元评价体系 [J]. 中国高等教育, 2016 (2): 5-7.

[88] 罗瑾琏，李思宏. 科技人才价值观认同及结构研究 [J]. 科学学研究，2008，26（1）：73-77.

[89] 麻盼盼. 创新型科技人才及其素质特征 [J]. 山东省农业管理干部学院学报，2012，29（2）：117-118.

[90] 迈克尔·波兰尼. 个人知识 [M]. 贵阳：贵州人民出版社，2000.

[91] 米家载. 组织公正性理论研究述评 [J]. 商业研究，2004（6）：86-90.

[92] OECD. 以知识为基础的经济 [M]. 杨宏进，薛澜，译. 北京：机械工业出版社，1997.

[93] 彭云，余小平. 科研创新团队人才评价与遴选 [J]. 中国高校科技，2013（8）：78-79.

[94] 彭张林，张爱萍，王素凤，等. 综合评价指标体系的设计原则与构建流程 [J]. 科研管理，2017，38（4）：209-215.

[95] 邱皓政. 量化研究与统计分析——SPSS（PASW）数据分析范例解析 [M]. 重庆：重庆大学出版社，2013.

[96] 曲文玉. 模糊思想在人才评价中的应用研究 [D]. 青岛：中国石油大学（华东），2009.

[97] 屈宝强，彭洁，赵伟. 我国科技人才信息管理的现状及发展 [J]. 科技管理研究，2016（10）：154-159.

[98] 任飏，陈安. 论创新型人才及其行为特征 [J]. 教育研究，2017（1）：149-153.

[99] 深化科技体制改革实施方案 [EB/OL]. http://news. xinhua-net. com/politics/2015-09/24/c_1116671338，2015-09-24.

[100] 盛楠，孟凡祥，姜滨，等. 创新驱动战略下科技人才评价体系建设研究 [J]. 科研管理，2016，37（S1）：602-606.

[101] 盛晓娟，张秋月，佘元冠，等. 基于智商—情商—逆商的创新型

人才素质模型 [J]. 科技与经济，2011，24（3）：75－79.

[102] 石善冲. 科技成果转化评价指标体系研究 [J]. 科学学与科学技术管理，2003（6）：31－33.

[103] 时勘，王继承，李超平. 企业高层管理者胜任特征模型评价的研究 [J]. 心理学报，2002（3）：306－311.

[104] 时玉宝. 创新型科技人才的评价、培养与组织研究 [D]. 北京：北京交通大学，2013.

[105] 司俏. 论知识的价值 [N]. 光明日报，1985－04－10（04）.

[106] 孙丽男，唐擘，李珊. 基于素质模型的创新型科技人才培养的探讨 [J]. 黑龙江教育学院学报，2017，36（3）：10－12.

[107] 孙锐. 科技人才评价如何才能慧眼识珠 [N]. 文汇报，2016－06－02（02）.

[108] 唐华茂，林原. 应急管理专业人才胜任力模型实证研究 [J]. 中国行政管理，2018（6）：116－121.

[109] 佟亚丽，董志超. 坚持社会化的人才评价方式 [N]. 中国人事报，2007－01－26（02）.

[110] 汪俊，陈大栋. 人才评价机制研究述评 [J]. 经营管理者，2016（24）：187－188.

[111] 汪怿. 全球人才竞争的新趋势、新挑战及其应对 [J]. 科技管理研究，2016，36（4）：40－45.

[112] 王贝贝. 创新型科技人才特征：结构维度、相互影响及其在评价中的应用 [D]. 南京：南京航空航天大学，2013.

[113] 王成军，郭明. 创新型科技人才科技成果转化能力可拓评价 [J]. 科技进步与对策，2016（4）：106－111.

[114] 王成军，宋银玲，冯涛，等. 基于 GRA-DEA 模型的创新型科技人才开发效率评价研究——以陕西省青年科技新星计划为例 [J]. 科技管理

研究，2016（4）：75－80.

［115］王广民，林泽炎．创新型科技人才的典型特质及培育政策建议——基于84名创新型科技人才的实证分析［J］.科技进步与对策，2008，25（7）：186－189.

［116］王剑程，朱永跃．创新驱动背景下企业科技人才成长环境评价研究［J］.科技进步与对策，2015（24）：120－124.

［117］王久华．知识价值的基本内涵［J］.经济学文摘，1999（6）：47.

［118］王黎萤，陈劲，阮爱君．创新型工程科技人才的胜任力结构及培养［J］.高等工程教育研究，2008（S2）：21－25.

［119］王立朴．基于多维绩效观的创新型科技人才评价体系构建［D］.天津：天津商业大学，2017.

［120］王路璐．企业创新型科技人才成长环境研究［D］.哈尔滨：哈尔滨工程大学，2010.

［121］王鹏程．知识价值论初议［J］.经济学动态，1985（2）：52－54.

［122］王松梅，成良斌．我国科技人才评价中存在的问题及对策研究［J］.科技与管理，2005（6）：129－131.

［123］王养成，赵飞娟．基于3Q的四维度创新型科技人才素质模型［J］.科技进步与对策，2010，27（18）：149－153.

［124］王峥，王咏梅．高层次创新型科技人才选拔中评价中心技术应用初探——以科研项目负责人为例［J］.科技管理研究，2012，32（1）：122－125.

［125］王重鸣，陈民科．管理胜任力特征分析：结构方程模型检验［J］.心理科学，2002（5）：513－516.

［126］隗斌贤，张玉茹，赵金飞．对知识价值的理论分析与定量研究［J］.经济学动态，2000（7）：29－35.

［127］魏钧，张德．国内商业银行客户经理胜任力模型研究［J］.南开

管理评论, 2005, 8 (6): 4-8.

[128] 吴德胜, 门玉英, 王爱群, 等. 湖北省"三区"科技人才评价指标体系研究 [J]. 湖北农业科学, 2018, 57 (6): 116-122.

[129] 吴季松. 21 世纪社会的新趋势: 知识经济 [M]. 北京: 北京科学技术出版社, 1999.

[130] 吴季松. 知识经济学 [M]. 北京: 北京科学技术出版社, 1999.

[131] 吴江. 尽快形成我国创新型科技人才优先发展的战略布局 [J]. 中国行政管理, 2011 (3): 11-16.

[132] 吴明隆. 问卷统计分析实务: SPSS 操作与应用 [M]. 重庆: 重庆大学出版社, 2010.

[133] 吴欣. 创新型科技人才的典型特质综述 [J]. 内蒙古师范大学学报 (教育科学版), 2015, 28 (5): 40-41.

[134] 吴欣. 高层次创新型科技人才评价指标体系研究 [J]. 信息资源管理学报, 2014, 4 (3): 107-113.

[135] 吴瑶. 论知识的价值 [D]. 大连: 大连理工大学, 2005.

[136] 夏炎. 科技成果管理工作的定位和目标 [J]. 科学学与科学技术管理, 2000 (8): 46-48.

[137] 萧鸣政. 当前人才评价实践中亟待解决的几个问题 [J]. 行政论坛, 2012, 19 (2): 1-5.

[138] 肖俊夫, 林勇. 经济转型发展中科技人才分型与协同作用机制研究 [J]. 科技进步与对策, 2015, 32 (8): 139-144.

[139] 肖正斌, 朱善定, 张小菁. 湖南省创新型科技人才绩效评价研究 [J]. 科技管理研究, 2011 (22): 48-51, 73.

[140] 胥效文, 邓正宏, 郑玉山. 基于模糊评判的人才评测系统的研究与设计 [J]. 微电子学与计算机, 2005 (3): 236-238.

[141] 徐扬, 徐晶, 黄文彬. 知识价值导向下的知识共享与创新 [J].

科技管理研究，2015（17）：146－150.

[142] 徐扬. 知识价值及其增值的量化研究 [J]. 情报杂志，2012，31（4）：148－152.

[143] 徐源，薛惠锋. 基于层次分析法的创新型人才评价指标体系研究 [J]. 价值工程，2011，8（7）：244－247.

[144] 薛磊，窦德强. 基于素质模型的创新型人才模糊综合评价体系构建 [J]. 生产力研究，2014（10）：148－150.

[145] 薛昱，张文宇，杨媛，等. 基于匹配模型的科技创新人才评价 [J]. 技术经济，2018，37（9）：65－72.

[146] 杨丽坤，马建新. 关于构建科学合理的社会化人才评价机制的思考 [J]. 宁夏党校学报，2014（5）：63－66.

[147] 杨茂森. 创新型人才的六大特征 [J]. 中国人才，2006（13）：8.

[148] 杨月坤，查梛. 国外科技人才评价经验的启示与借鉴——基于英国、美国、德国的研究 [J]. 科学管理研究，2020，38（1）：160－165.

[149] 杨月坤. 创新型科技人才多元评价系统的构建与实施 [J]. 经济论坛，2018（11）：90－95.

[150] 杨月坤，葛琴. 创新型科技人才多元智能结构及评价研究——以基础研究类创新型科技人才为例 [J]. 常州大学学报（社会科学版），2020，21（1）：86－94.

[151] 杨月坤，葛琴. 创新型科技人才评价体系的构建：现状、问题与对策 [J]. 科技与经济，2018，31（3）：65－69.

[152] 杨月坤，路楠. 基于知识价值的创新型科技人才评价模型构建 [J]. 领导科学，2019（1）：98－102.

[153] 杨月坤，周丽娟. 成果转化类创新型科技人才评价研究 [J]. 领导科学，2019（6）：67－71.

[154] 姚凯. "人才帽子" 不是永久标签 [N]. 解放日报，2018－10－

29 (15).

[155] 姚伟,华道金.多元智能理论的评价观及其对我国幼儿发展评价的启示 [J].外国教育研究,2004,31 (9):40-43.

[156] 叶忠海.高层次科技人才的特征和开发 [J].中国人才,2005 (17):25-26.

[157] 叶忠海.人才学基本原理研究 [M].北京:高等教育出版社,2009.

[158] 于珈,王兰英,李兵,等.浅析美国科技人才评价的做法与启示 [J].中国科技资源导刊,2015,47 (2):68-72,80.

[159] 原锟霞,牛冲槐,李秋霞.山西省科技创新型人才评价指标体系的构建 [J].管理科学研究,2009 (6):37-38.

[160] 约翰·奈斯比特.大趋势——改变我们生活的十个新方向 [M].北京:中国社会科学出版社,1984.

[161] 翟青.创新力人格特质及其测量方法研究 [J].商业时代,2007 (20):111-112.

[162] 张豪,张向前.我国"十三五"期间适应创新驱动的科技人才评价机制研究 [J].科技与经济,2015,28 (4):76-80.

[163] 张洪燕.基于熵值法和 SEM 的高层次外贸人才评价指标体系研究 [D].镇江:江苏科技大学,2012.

[164] 张厚和,方培华,孙伟,等.苏州市人才综合竞争力评估指标体系的建立与应用 [J].苏州大学学报,2006 (1):125-129.

[165] 张华胜.中国制造业技术创新能力分析 [J].中国软科学,2006 (4):15-23.

[166] 张力学,张晓星,刘彦柱.创新型科技人才培养与开发模式初探 [J].东方企业文化,2014 (24):124,133.

[167] 张林,黎兵,刘永兴.关于成就动机的研究综述 [J].内蒙古民

族大学学报（社会科学版），2003，29（3）：77-81.

[168] 张璐，霍国庆. 科技创新领军人才关键成功因素研究 [J]. 管理现代化，2015，35（4）：64-66.

[169] 张少杰，张燕. 知识价值的测度理论与方法研究 [J]. 吉林大学社会科学学报，2004（3）：53-59.

[170] 张文红，张骁，翁智明. 制造企业如何获得服务创新的知识？——服务中介机构的作用 [J]. 管理世界，2010，22（10）：122-134.

[171] 张相林. 科技人才创新行为评价体系设计研究 [J]. 中国行政管理，2010（7）：109-113.

[172] 张晓娟. 产业导向的科技人才评价指标体系研究 [J]. 科技进步与对策，2013（12）：137-141.

[173] 张晓媛. 保定市创新型科技人才竞争力评价 [J]. 合作经济与科技，2015（10）：128-129.

[174] 张英杰. 基于层次分析法的创新型科技人才竞争力评价研究——来自浙江省台州市的实证分析 [J]. 经济论坛，2016（9）：125-130.

[175] 张玉岩，王蒲生. 自主创新型科技人才培养模式专业博士的视角 [J]. 中国科技论坛，2006（6）：106-110.

[176] 张跃先，张翼. 知识管理 [M]. 北京：人民邮电出版社，2016.

[177] 张兆本，胡月星. 现代人才资源开发 [M]. 银川：宁夏人民出版社，2006.

[178] 赵恒平，雷卫平. 人才学概论 [M]. 武汉：武汉理工大学出版社，2003.

[179] 赵曙明，沈群红. 知识企业与知识管理 [M]. 南京：南京大学出版社，2000.

[180] 赵伟，包献华，屈宝强，等. 创新型科技人才分类评价指标体系构建 [J]. 科技进步与对策，2013，30（16）：113-117.

[181] 赵伟，包献华，屈宝强，等. 基础研究类创新型科技人才评价指标体系的构建 [J]. 科技与经济，2014，27 (1)：81 - 85.

[182] 赵伟，林芬芬，彭洁，等. 创新型科技人才评价理论模型的构建 [J]. 科技管理研究，2012，32 (24)：131 - 135.

[183] 智晓彤. 基于高新技术产业集群的创新型科技人才成长环境研究 [J]. 特区经济，2013 (8)：186 - 189.

[184] 中华人民共和国促进科技成果转化法 [EB/OL]. https：//www. sohu. com/a/211671682_100008405. 2015 - 08 - 29.

[185] 中华人民共和国科学技术进步法 [EB/OL]. http：//www. nsfc. gov. cn/publish/portal0/tab609/info73542. 2007 - 12 - 29.

[186] 仲理峰，时勘. 胜任特征研究的新进展 [J]. 南开管理评论，2003 (2)：4 - 8.

[187] 周霞，景保峰，欧凌峰. 创新人才胜任力模型实证研究 [J]. 管理学报，2012，9 (7)：1065 - 1070.

[188] 周晓东，陈南. 关于创新型人才的思考 [J]. 科技进步与对策，2001 (2)：111 - 112.

[189] 周晓辉. 创新型科技人才培养中协同体协同机制研究 [J]. 高教探索，2013 (6)：57 - 61.

[190] 朱春玲，刘永平. 企业创新型人才素质模型的构建——基于中国移动通信集团调研数据的质性研究 [J]. 管理学报，2014，11 (12)：1737 - 1744.

[191] 朱晓妹，林井萍，张金玲. 创新型人才的内涵与界定 [J]. 科技管理研究，2013 (1)：153 - 157.

[192] 朱选功，刘冰月，王宁，等. 河南省创新型科技人才竞争力评价研究 [J]. 洛阳师范学院学报，2018 (9)：67 - 71.

[193] 朱珣. 基于胜任力模型的 A 银行 F 支行客户经理培训体系构建

［D］. 泉州：华侨大学，2018.

　　［194］邹绍清，罗洪铁. 试论创新型人才价值［J］. 中国人才，2008（23）：12 - 14.

　　［195］左汉宾. 湖北科技人才调研报告［J］. 科技进步与对策，2004，21（11）：41 - 43.

　　［196］Alabi J，Weare W H. Peer review of teaching：Best practices for a non-programmatic approach［J］. Communications in Information Literacy，2015，8（2）：180.

　　［197］Anderson D D，Nilstad. The reutilization of innovation research：A constructively critical review of the state-of-the-science［J］. Journal of Organizational Behavior，2004，25（2）：147 - 173.

　　［198］Atkinson J W，O'Connor P J. Effects of ability grouping in schools related to individual differences in achievement-related motivation：Final report［J］. Ability Grouping，1963：179.

　　［199］Bailey R L. Disciplined creativity for engineers［M］. AnnArbor，MI. AnnArbor Science，1979.

　　［200］Bandura A. Self-efficacy：Mechanism in human agency［J］. American Psychology，1982，37（2）：26.

　　［201］Boyatzis R E. The competent manager：A model for effective performance［M］. New York：Willey，1982.

　　［202］Bueno C M，Tubbs S L. Identifying global leadership competence：An exploratory study［J］. Journal of American Academy of Business，2004，14（5）：80 - 87.

　　［203］Celik M，Kandakoglu A，Er I D. Structuring fuzzy integrated multi-stages evaluation model on academic personnel recruitment in MET institutions［J］. Expert Systems with Applications，2009，6（17）：177 - 179.

[204] Chase R L. The knowledge-based organization: An international survey [J]. Journal of Knowledge Management, 1997, 1 (1): 38 – 49.

[205] Davis S M. Building knowledge into products [M]// Ruggles R, Holtshouse D. The knowledge advantage: 14 visionaries de fine marketplace success in the new economy, Dover: Ernst & Young, 1999.

[206] Drigas A, Kouremenos S, Vrettaros S, et al. An expert system for job matching of the unemployed [J]. Expert Systems with Applications, 2004, 9 (26): 217 – 224.

[207] Drucker P F. Social innovation—Management's new dimension [J]. Long Range Planning, 1987, 20 (6): 29 – 34.

[208] Dulewicz V, Herbert P. Predicting advancement to senior management form competencies and personality data: A 7-year follow-up study [J]. British Journal of Management, 1999, 10 (12): 13 – 22.

[209] Freeman S, Polasky S. Knowledge-based growth [J]. Journal of Monetary Economics, 1992, 30 (1): 3 – 24.

[210] Golec A, Kahya E. A fuzzy model for comptetency-based employee evaluation and selection [J]. Computers & Industrial Engineering, 2007, 7 (52): 143 – 161.

[211] Harper D A. Towards a theory of entrepreneurial teams [J]. Journal of Business Venturing, 2008, 23 (6): 613 – 626.

[212] Hayes B. The competency dom model [J]. Journal of Public Personnel Management, 1979, 10 (22): 43 – 62.

[213] Iwamura M, Lin B. Chance constrained integer programming models for capital budgeting environments [J]. Journal of Operational Research Society, 1998, 11 (46): 846 – 860.

[214] Kamm J B, Shuman J C, Seeger J A, et al. Entrepreneurial teams in

new venture creation: A research agenda [J]. Entrepreneurship Theory & Practice, 1990, 14 (4): 7 – 17.

[215] Kanter R M. When a thousand flowers bloom: Structural, collective, and social conditions for innovatition in organization [R]. Staw B M, Cummings L. Research in Organizational Behavior, 1988.

[216] Kleysen R F, Street C T. Toward a multi-dimensional measure of individual innovative behavior [J]. Journal of Intellectual Capital, 2001, 2 (3): 284 – 296.

[217] Kumar N, Siddharthan N S. Innovative capability and performance of chinese firm [J]. Journal of Development Studies, 2002, 25 (2): 23 – 24.

[218] Labib A, Williams D. An intelligent maintenance model (system): An application of the analytic hierarchy process and a fuzzy rule-based controller [J]. Journal of Operational Research Society, 1998, 49 (7): 745 – 757.

[219] Lai Y-J. Interactive multiple objective system technique [J]. Journal of Operational Research Society, 1995, 6 (46): 958 – 976.

[220] Lazarevic B. Personnel selection fuzzy model [J]. International Transactions in Operational Research, 2009, 4 (8): 89 – 105.

[221] Leonard S N, Fitzgerald R N, Riodan G. Using developmental evaluation as a design thinking tool for curriculum innovation in professional higher education [J]. Higher Education Research & Development, 2016, 35 (2): 309 – 321.

[222] Lewis M. Identifying a competence model for hotel managers [M]. Boston University, 2002.

[223] Liu Z S, Yan F Q, Li J. Based on similar distance vector algorithm lmmune genetic characteristics of the creative talents of genetic selection [R]. 2009 Second International Conference on Education Technology and Training, 2009.

[224] Luhmann N. Die gesellschaft der gesellschaft [M]. Frankfurt: Suhrkamp Verlag, 1998.

[225] Machlup F. The production and distribution of knowledge in the United States [M]. Princeton University Press, 1972.

[226] McClelland D C. Testing for competence rather than for intelligence [J]. American Psychologist, 1973, 28 (1): 1 – 14.

[227] Mcconnell E A. Competence vs. competency [J]. Nursing Management, 2001, 32 (5): 14.

[228] Naisbitt J. Megatrends: Ten new directions transforming our lives [M]. New York: Warner Books Inc., 1982.

[229] Nonaka I, Toyama R, Konno N. SECI, ba and leadership: A unified model of dynamic knowledge creation [J]. Long Range Planning, 2000, 33 (1): 5 – 34.

[230] Polanyi M. Personal knowledge [M]. Chicago: Chicago University Press, 1958.

[231] Pretoria U O. Staff development policy: University of Cambridge [J]. University of Pretoria, 2015, 32 (4): 25 – 29.

[232] Pritchard D. Anti-luck epistemology [J]. Synthese: An International Journal for Epistemology, Methodology and Philosophy of Science, 2007, 3 (3): 277 – 297.

[233] Renner W. Human values: A lexical perspective [J]. Personality and Individual Differences, 2003, 34 (1): 127 – 141.

[234] Romer D, Heller T. Social adaptation of mentally retarded adults in community settings: A social-ecological approach [J]. Applied Research in Mental Retardation, 1983, 4 (4): 303 – 317.

[235] Romer P M. Endogenous technological change [J]. Journal of Political

Economy, 1998, 5 (10): 71 – 102.

[236] Saaty T L. The analytic hierarchy process [M]. New York: Me Graw-Hill, 1980.

[237] Salih A R A. Peer evaluation of teaching or "fear" evaluation: In search of compatibility [J]. Higher Education Studies, 2013, 13 (2): 32 – 38.

[238] Sandberg J. Understanding human competence at work: An interpretative approach [J]. Academy of Management Journal, 2000, 43 (1): 9 – 25.

[239] Scott S G, Bruce R A. Determinants of innovative behavior: A path model of individual innovation in the workplace [J]. Academy of Management Journal, 1994, 37 (3): 1442 – 1465.

[240] Slesinski R. 10 traits of creative people [J]. Executive Excellence, 1991, 8 (8): 10.

[241] Spencer L M, McClelland D C, Spencer S M. Competency assessment methods: History and state of the art [M]. Boston: Hay-Mcber Research Press, 1994.

[242] Spencer L M, Spencer S M. Competence at work: Models for superior performance [M]. New York: John Wiley & Sons, 1993.

[243] Tigelaar D E H, Dolmans D H J M, Wolfhagen I H A P, et al. The development and validation of a frame work for teaching competencies in higher education [J]. Higher Education, 2004, 48 (2): 253 – 268.

[244] Toffler A. Powershift [M]. New York: Bantam Books, 1991.

[245] Tsvetkova N. Making a new and pliable professor: American and Soviet transformations in German universities, 1945 – 1990 [J]. Minerva, 2014, 52 (2): 161 – 185.

[246] Tullett A D, Kirton M J. Further evidence for the independence of Adaptive-Innovative (A-I) cognitive style from national culture [J]. Personality &

Individual Differences, 1995, 19 (3): 393 –396.

[247] Waaijer C J F. The coming of age of the academic career: Differentiation and professionalization of German academic positions from the 19th century to the present [J]. Minerva, 2015, 53 (1): 43 –67.

[248] Weiner B. An attributional interpretation of expectancy-value theory [J]. Cognitive Views of Human Motivation, 1974.

[249] White K, Boehm E, Chester A. Predicting academics' willingness to participate in peer review of teaching: A quantitative investigation [J]. Higher Education Research & Development, 2014, 33 (2): 372 –385.

[250] Zhou J, George J M. When job dissatisfactionleads to creativity: Encouraging the expression of voice [J]. Academy of Management Journal, 2001, 44 (4): 682 –696.

[251] Zwell M. A look at bank's chief competencies [J]. US Banker, 2001 (7): 60 –61.